도시소녀
귀농기

# 도시소녀 귀농기4

ⓒ 에른 2019

| | | | | |
|---|---|---|---|---|
| 초판 1쇄 | 2019년 02월 15일 | | | |
| 지은이 | 에른 | | | |
| | | 펴낸이 | 이정원 | |
| 출판책임 | 박성규 | 펴낸곳 | 도서출판 들녘 | |
| 편집주간 | 선우미정 | 등록일자 | 1987년 12월 12일 | |
| 디자인진행 | 조미경 | 등록번호 | 10-156 | |
| 편집 | 박세중·이동하·이수연 | | | |
| 디자인 | 김원중·김정호 | 주소 | 경기도 파주시 회동길 198 | |
| 기획마케팅 | 나다연 | 전화 | 031-955-7374 (대표) | |
| 영업 | 이광호 | | 031-955-7381 (편집) | |
| 경영지원 | 김은주·장경선 | 팩스 | 031-955-7393 | |
| 제작관리 | 구법모 | 이메일 | dulnyouk@dulnyouk.co.kr | |
| 물류관리 | 엄철용 | 홈페이지 | www.dulnyouk.co.kr | |
| | | | | |
| ISBN | 979-11-5925-386-7 (04520) | CIP | 2019001512 | |
| | 979-11-5925-382-9 (세트) | | | |

이 도서의 국립중앙도서관 출판예정도서목록(CIP)은 서지정보유통지원시스템 홈페이지(http://seoji.nl.go.kr)와 국가자료공동목록시스템(http://www.nl.go.kr/kolisnet)에서 이용하실 수 있습니다.

# 도시소녀 귀농기

4

겨울 글그림 애듀

들녘

어렸을 때, '동물농장에 살면 좋겠다'고 생각했습니다. 현실적인 고려라곤 전혀 없는 '상상'이었지만 이룰 수만 있다면 정말 행복할 것 같았어요. 하지만 서울에서 태어나 쭉 자랐기에 진지하게 고민해보지는 않았습니다. 그저, 은퇴할 즈음이면 가능하지 않을까, 막연히 생각했지요. 그런데 스물다섯 살에 뜻밖의 기회가 찾아왔습니다. 예정보다 이르게 은퇴를 결심하신 부모님이 귀농하기로 마음먹으신 겁니다. 친지들이 대부분 서울에 있어 망설이기도 했지만 복잡한 대도시를 벗어나고 싶다는 열망이 더 컸기에 저도 이 여정에 합류했습니다. 직업상 사는 곳이 어디든 상관없기도 했고요.

그 당시 제가 생각했던 귀농귀촌 역시 일반적으로 상상하는 모습과 별로 다르지 않았습니다. 아름다운 집과 신경 쓴 조경, 가끔 놀러 온 지인들과의 바비큐 파티. 그야말로 평화로운 시골살이를 기대했지요. 물론 정착 후 어느 정도 비슷한 생활을 누렸지만, 그것이 전부라면 중도에 귀농을 포기하는 사례가 미디어에 오르내릴 이유는 없을 겁니다.

귀농 과정엔 정말이지 많은 공부와 마음의 준비가 필요했습니다. 단순히 거주지를 옮기는 것이 아니라 이미 끈끈히 이어진 작은 네트워크에 낯선 얼굴이 연결되려 애쓰는 것이었으며, 한정된 예산을 조금이라도 아끼기 위해 조각조각 흩어진 행정 정보를 긁어 모으는 작업이기도 했습니다. 농사는 말할 것도 없었지요. 초반에 상당한 수준의 육체적 피로를 느낀 아버지는 한동안 병원 신세를 졌습니다. 판로를 개척하거나 미래에 대비하려면 부지런히 전자상거래나 새로운 농법 등도 익혀야 했고요.

그렇게 가족들과 함께 부딪히던 중, 이 경험을 바탕으로 만화를 그려 공유해야겠다는 생각이 들었습니다. 예비 귀농인들이 실전에서 어떤 문제에 직면했을 때 덜 당황하며 해결법을 찾을 수 있게끔, 정착 후 생활보다는 '준비 과정'을 중점적으로 다룬 이야기를요. 그래서 경험한 것을 꼼꼼히 기록하는 한편, 경험이 부족한 부분을 취재·공부하고 정보를 수집하면서 연재를 준비했습니다. 그 결과물이 〈도시소녀 귀농기〉입니다. 네이버와 다음 웹툰 자유연재 코너에서 약 3년간 연재했고, 운 좋게도 단행본 출간이 결정되어 더 보완된 모양새로 여러분께 선보일 수 있게 되었네요. 딱 3년만, 만화가로 먹고살 수 있을지 전력을 다해보자며 시작한 데뷔작이 좋은 끝을 맞이할 수 있어 기쁩니다.

여기까지 오는 데 응원과 격려를 아끼지 않은 많은 분들 정말 고맙습니다. 농원 식구들과 동물들, 친구들과 선생님, 요가 선생님, 인터넷 연재 작품을 읽어주신 독자분들, 웹툰을 예쁜 책으로 만들어주신 도서출판 들녘, 내용을 검수해주신 문경시청과 추천사를 써주신 안철환 선생님과 변현단 선생님, 작품에 건축사진 사용을 허락해주신 (주)나무집사랑 대표님, 정말 고맙습니다. 마지막으로 지금 이 글을 읽고 계신 여러분, 고맙습니다. 이 책을 사신 순간 제가 앞으로 창작활동을 계속해나갈 수 있도록 금전적 지원을 해주신 것이나 다름 없습니다. 깊이 감사하며 모두 들숨에 건강을, 날숨에 재력을 얻으시길 기도하 겠습니다.

이제 페이지를 넘기며 주인공 가족의 귀농 결심부터 정착까지의 길을 함께 걸어주세요. 그 길에서 경험한 것들이 여러분께 조금이라도 도움이 된다면 작가로서 그보다 더 큰 보람이 없을 겁니다.

2019년 1월 말, 뜻 깊은 한 해를 시작하며
작가 에른 드림

안내 말씀 ────────────────
이 만화는 '창작'한 이야기입니다. 주인공은 농업의 길을 가지만 저는 전업 작가이듯이 제 경험은 작품의 뼈대가 되었을 뿐입니다. 특히나 주인공 일행 외의 조연들, 예를 들면 마을 주민들 같은 경우 실존 모델 없이 상징적으로 혹은 필요에 의해 캐릭터를 제작했습니다. 작품 내용으로 인해 그림 배경이 되는 곳의 실제 거주민이나 그 외 다른 분들께 불필요한 피해가 생기지 않길 바라기에 이상을 미리 알려드립니다.

# 차례

## ● 등장인물 소개

### 지은
평범한 취업준비생. 대도시에서 자라 농업 지식은 물론 뚜렷한 목표도 없이 부모님의 귀농에 합류했다. 하지만 점차 흥미를 느끼기 시작하면서 하고 싶은 일을 찾아 나선다. 동물들과 즐겁게 살고 싶다는 소망이 그의 꿈이자 원동력.

### 막금 씨
건강 문제로 퇴사를 결심하고 주도적으로 귀농을 추진했다. 어릴 때 강원도에서 서울로 이주해 농사 경험이 없기는 매한가지. 예쁜 집을 지어 주변을 온통 꽃밭으로 만들고픈 로망이 있다.

### 옥순 씨
막금 씨와 막역한 지기로, 지은도 옥순을 '이모'라 호칭할 만큼 가까운 사이다. 막금 씨와는 성향이 달라 여러모로 부족한 부분을 의지하는 든든한 귀농 파트너.

### 카페 사장님
지은과 세준이 근무하던 카페의 사장. 두 사람의 귀농에 관심을 갖고 지켜보다 협업을 제안한다. 주인공에게 적절한 조언을 주지만 존중의 의미로 지나친 간섭은 피하려고 하는 편. 자신감 있고 장사수완이 좋아 지은이 롤모델로 생각한다.

### 세준

지은이 일하게 된 카페의 베테랑 아르바이트생. 한적한 곳에서 살고 싶은 생각이 있어 지은의 귀농에 관심을 가졌고 결국 문경까지 따라 내려온다. 진희와는 연인 사이.

### 진희

야생동물 전문 사진작가. 잠깐 문경에 들렀다가 주변의 야생동물들을 관찰하기 위해 머무르지만, 지은의 제의를 받아 농업 활동도 함께하게 된다.

### 재석 씨

은퇴 이후의 삶에 어느 정도 두려움이 앞서는 중년. 그래도 국진 씨와 콤비를 이뤄 뭐든지 직접 해보려고 노력한다.

### 국진 씨

어쩌다 보니 귀농한 곳이 국진 씨의 먼 친척들이 사는 마을. 덕분에 초반에 많은 도움을 얻게 되었다. 하지만 그에 만족하지 않고 자력으로 기반을 쌓아나간다.

### 박팀장& 최팀장

건축 시공사에서 파견한 각 현장 목수 팀장들. 어려서부터 아는 사이인 것 같은데 틈만 나면 으르렁거린다. 건축 스타일이 무척 다른 개성 넘치는 콤비.

## 80화 기초1

세상에~
솜털 뽀송뽀송한 게
정말 귀엽다~!

주중에 쭉 이 동네에 있어야 하니까
혼자 둘 수가 없더라고요.

내가 자꾸
신경이 쓰여서…

혹시 시간 되면
같이 놀아줄 수
있을까요?

잘
데려오셨어요!

그럼요!
당장 산책이라도
하고 올게요!

고마워요! 아저씨가 꼭
사례할게요!

사랑아~ 친구들이랑
잘 놀다 와~

*주름관

어우-
뭘 이렇게
많이 파요?

여기 빨간 색 표시해둔 데가
나중에 데크 기둥이랑 집채
앞쪽 모서리가 설 자리거든요.

오-

여기다 주름관을 박고
안에 콘크리트를 부어
마무리할 거예요.

주름관 심을 자리
파고 있는 겁니다.

그럼 이게 첫날 말씀하신 대책인가요?

예 그렇죠. 좀 더 자세하게 말씀드리면.

우리가 경사로 위쪽을 깎아내고 그 흙을 아래쪽에 깔아서 평평한 대지를 만들었단 말입니다.

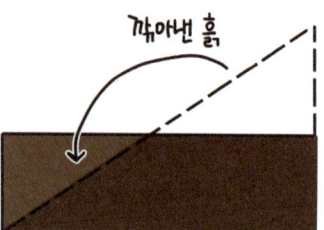

깎아낸 흙

이랬을 때, 깎아낸 뒤쪽 땅은 건물을 지어도 상관이 없어요.

이미 오랜 시간 다져진 땅이 드러난 것뿐이니까요.

OK

스르륵

위험

그런데 쌓은 쪽은 인위적으로 만든 거라 단단해지는 데 적어도 3~4년은 걸려요.

거기 당장 뭘 지어놓으면 서서히 땅 하고 같이 무너져 내릴 수가 있는 거죠.

하지만 이 공정으로 그런 상황을 예방할 수 있기 때문에

이젠 안심하고 데크랑 집을 올릴 수 있답니다!

오오-

그럼 팀장님, 혹시 그 일에 저희가 뭐 도와드릴 건 없겠습니까?

두어 달 전만 해도 직접 집을 짓겠다 생각했던 터라 몸이 근질근질하네요.

오- 그래요?
건축 경험이
있으십니까?

전혀 없습니다!
그땐 정말 자신감만
넘쳐서리-

하지만 뭐라도 꼭
하고 싶습니다!

좋습니다! 일단
삽이라도 하나 들고
따라오세요!

일꾼은 많을수록
환영입니다!

야호!

저 양반들 아침부터 기웃거리더니
결국 뭐라도 할 일을 얻은 모양이네.

꿈이라도 이룬 표정이다 야.

이번 주엔 들깨를 베서 털어야 하는데.
저렇게 한눈팔 생각만 하니 어쩌나?

들깨고 강황이고
좀 늦게 수확하면
뭐 어때~

그나저나 우리가 기초팀을
참 잘 만난 것 같아.

나도 그렇게
생각해.

공구 늘어놓은 것도 보면 하루 종일 그렇게 깔끔할 수가 없고~

자재의 용도를 일일이 설명해둔 자재발주 내역서는 거의 감동이었지~!

맞아 맞아. 어려운 단어가 많았는데 덕분에 이해하기 쉬웠어.

응? 너 사랑이 아니니?

할매, 할배는 어디 두고 혼자 왔어?

저기 온다.

터벅    터벅

노니 할배와 초롱 할매는 아기 천사의 체력을 감당하지 못했습니다….

흑…

두 팔 걷어붙이고 돕기 시작한
아빠들 덕분에

기초공사는 빠른 속도로
순조롭게 진행됐습니다.

주름관을 단단히 박은 후엔
집의 최하단을 만들기 시작했는데요.

팀원들과 아빠들이
벽채 모양을 따라 땅을 파고

석분을 뿌려 한바탕
바닥을 정리하는 동안

엄마들도 팀장님과 함께 도구 제작에 참여했습니다.

*콘크리트와 함께 굳힐 철근들

그건 일명 '깔깔이'라고 부르는 반복작업으로

교차하는 두 철막대가 단단히 연결되도록 접점에 철끈을 여러 번 돌려 묶는 일이었습니다.

예상 외로 발군의 실력을 발휘해 팀장이 다른 현장의 아르바이트 제의까지 했답니다.

두 사람은 생소한 분야에 사실 조금 긴장한 듯 보였지만

비장

부럽다… 칭찬 받고 싶다….

두 분을 다음 현장에 꼭 모시고 싶습니다!!!

오호호호홓

그렇게 만들어진 철근 뼈대를
비닐이 깔린 벽채 틀에 넣고

펌프카가 콘크리트를 들이붓는 것으로
1차 기초작업은 완료되었습니다.

오늘부턴 집 기단부를
올릴 겁니다. 여기서부턴 땅 위로
일부가 노출되고요.

콘크리트를
엄청 높이 쌓네요?

전 지금까지 한 게
기단부인 줄
알았는데.

지금까지 한 건 정말 기초 중의 기초예요.

콘크리트를 이렇게 깊게 하는 건 '동결심도'와 관련이 있고요.

겨울에 추워지면, 땅은 표면부터 얼어붙어 들어가는데

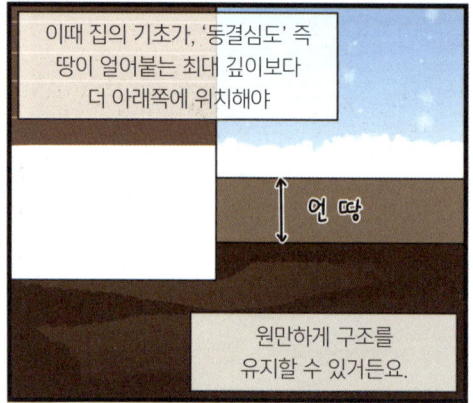

이때 집의 기초가, '동결심도' 즉 땅이 얼어붙는 최대 깊이보다 더 아래쪽에 위치해야

언 땅

원만하게 구조를 유지할 수 있거든요.

문경은 동결심도가 60cm, 그러니까
이 집의 기초는 지표면에서 적어도 60cm 아래에서부터는 시작해야 하는 겁니다.

와- 심오하네-

자꾸 이것저것 물어봐서 귀찮으신 거 아닌가 모르겠어요.

하하

흠...

전 정말 좋은 자세라고 생각합니다. 몇 십 년 살 집인데, 구석구석 이해하는 게 뭐가 나쁘겠어요.

그럼 팀장님 하나만 더요!

네에.

목조주택 수명이 얼마나 되나요? 제가 물려받을 때도 쓸 만할까요?

아아~? 벌써 상속이 정해졌나요?

너 이씨- 김칫국 마시지 말라고!!!

내가 다 팔고 죽을 거야!! 팔 거야!!

끄아―

기단부는 팀장님이 먹줄로 정교하게 벽채의 위치를 표시한 후

거푸집(폼)을 설치하는 것으로 시작되었습니다.

벽채를 쭉 둘러 폼을 만드는 동안

동시에 벽채 안쪽 공간에서는 따로 파견 나온 설비팀이 배관을 설치하고

석분과 비닐로 땅을 정리합니다.

한 주 동안 고생 많으셨습니다~!!

예이~

사랑아 집에 가자~

팀장님, 보온재는 월요일 아침 일찍 도착한답니다.

늦지 말라고 신신 당부했어요.

알겠습니다.

건축주님들이 빠릿빠릿하게 움직여주시는 덕분에

일정보다 일찍 다음 팀에게 현장을 넘길 수 있을 것 같아요.

그럼 월요일에 뵙겠습니다!

주말 잘 보내세요~

우린 주말에 밀린 농사일이나 처리해야겠지?

그래야지!

공사를 돕느라 밀린 농사일을 하면서
우린 주말 내내 바쁜 시간을 보냈습니다.

형님… 도리깨 하나 더 없어요…?

힘이 넘쳐도 그렇지!
하루에 몇 개를 부수는 거야?!

들깨는 들기름으로
강황은 가루로 만들어서
판매하려고 하는데

응. 적어도 올해 말이나 돼야 오픈할 수 있을 거 같아.

오케이~

프리마켓 판매용으로는 따로 안 남겨도 괜찮니?

응. 일단 제품 종류를 유지할 생각이라서.

경숙 이모의 꽃차 가게가 인테리어며 사업자등록 등으로 경황이 없어서

아직은 친척과 지인 위주 판매에 의존하기로 했어요.

끼이이이야-

드드드...

이 보온재를 열 맞춰
깔아주세요.

네.

배관 쪽은 제가 할 거니까
그냥 두시고.

팀장님,
저희 집 온돌방은요?
보온재 덮어요?

아니요. 거긴 공정이 다릅니다.
팀원들이 알아서 할 거예요.

알겠습니다.

이번 주의 시공은
지난 주에 이어

정리된 바닥에
보온재를 까는 일부터
시작합니다.

글쎄요… 오히려 못 미덥달까.

우리 때문에 집이 무너지는 거 아닐까?

그래도 뿌듯하시죠? 사모님들 힘으로 기단부를 엮으신 거예요.

잘한다고 하니까 열심히 팔 걷고 나서긴 했는데 말이지….

이러다가 뭔 일 나면 건축주 책임도 있다며 A/S 안 해주는 거 아닌가 몰라….

추-충분히 잘 하셨어요!

팀장님은 뭐 만든 거예요? 화장실 틀인가?

맞아요. 콘크리트를 부을 때 단 차를 두기 위해서 나무틀을 두른 거예요.

음~ 그렇구나. 화장실은 거실보다 바닥이 낮아야 하니까.

팀장~!
펌프카 올라왔어요~

오케이! 준비 다 됐으니
바로 올려달라 하자고!

저흰 그럼
이만 내려갈게요.

고생 많으셨습니다!

기이이잉

괄

괄

…혹시 건축주들한테 뭐라도 더 시킬 일 없어?

응?

아까부터 계속 저렇게 졸졸 따라다닌단 말이야….

졸 졸 졸

…

…

저 눈빛이 부담스러워서 일을 못 하겠어…

뭘 시키든지… 앉아 계시게 하든지…

이렇게 시멘트를 최대한 수평이 되게끔 평탄 작업을 하는 것으로

끝났다~!

자 청소하고
옷 갈아입고
집에 갑시다~!!

며칠간 진행했던 기초팀의 작업은 모두 마무리되었습니다.

고생 많으셨습니다.
정말 감사합니다.

완공된 후에
친구로 한 번 놀러와도
되겠지요?

그럼요!
언제든 환영입니다.

이제 다른 현장으로 가시나요?

한 주 쉬고 상주로 갑니다.

부스럭

부스럭

**82화 골조1**

이번엔 앞으로 더 오랜 시간
동고동락하게 될 목수들이 도착했습니다.

우르르…

안녕하세요!

기초 팀이 떠나고 며칠 후

최팀장입니다!

박팀장입니다!

쩌억

쩌릿

와- 인원이 많네요. 전부 우리 현장에서 일할 목수들이신가요?

아뇨! 저흰 절대 같은 현장을 공유하지 않습니다!!

이번에도 보여주지 내 화려한 건축술!

실컷 구경해라! 나의 소박하고 심플한 멋을!

뺑!

우린 최강 최고의 최팀장 크루!!!

언제나 최선을 다하는 긍지의 목수들!!!

와아~

짝짝

이겨라~

제길-! 라임이냐-!

지-질 수 없지!

하암~

바…박학다식, 박-박-

박-박터지는…
박차를 가하는…

어쨌든 박가네 사람들…

뭐야 그 형편없는 소개는…!

후후후- 이로써 나의 승리.

유치해…!

으으으-

2현장 건축주님이 어느 분이시죠?

접니다.

가시죠. 운이 좋으십니다.
절 만나셨으니까요.

대궐 같은 집을 지어드리죠.

음? 저야 좋죠.

그럼 사장님께선
1현장 건축주 되시겠군요?

아 예.
그렇죠.

대궐 따위.
저는 황금성을
지어드리겠습니다.

비장

무리수 던지지
말아요!

아…예…
황금성….

아하…

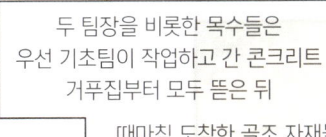

두 팀장을 비롯한 목수들은
우선 기초팀이 작업하고 간 콘크리트
거푸집부터 모두 뜯은 뒤

때마침 도착한 골조 자재들을
현장에 맞아들였습니다.

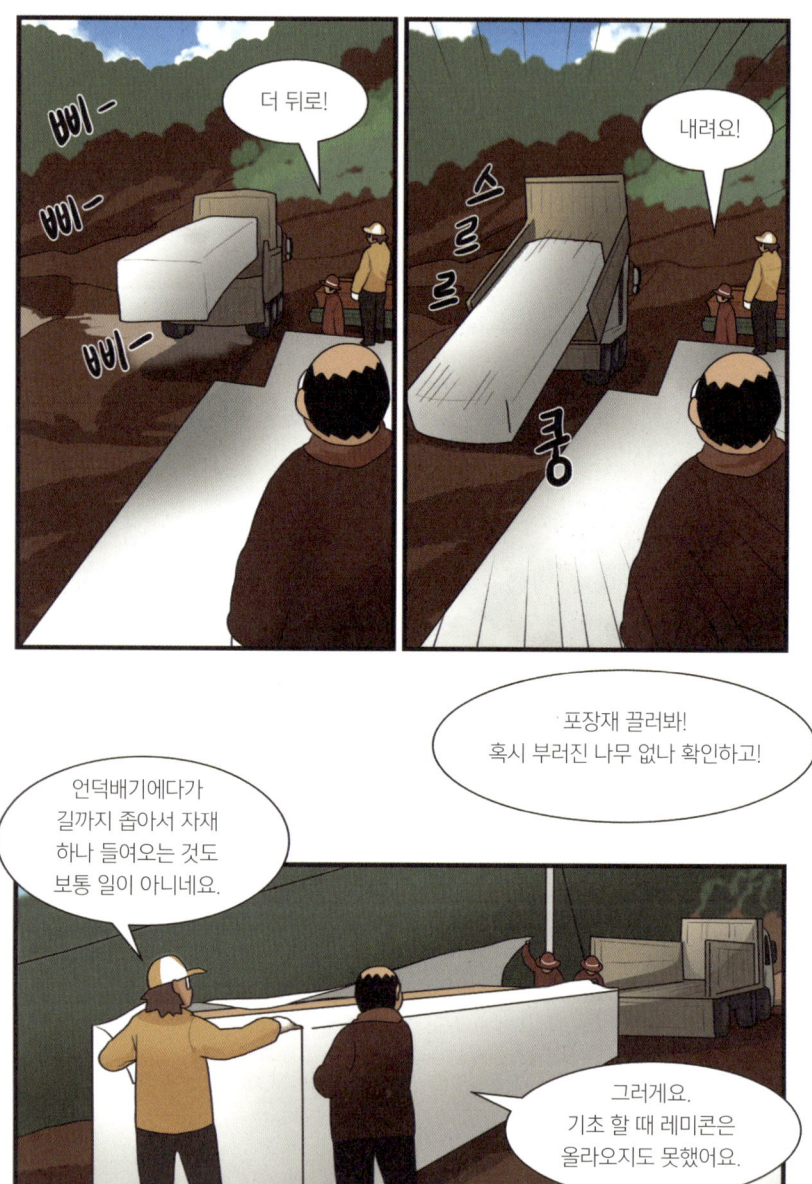

전 팀원!
2현장 자재 운반을
먼저 돕습니다~!

알았어요~!

···

일 하자 일♬♪

아 저기요-

네?

제가 적응이 안 돼서
그러는데-

도대체 뭡니까?
박팀장과 최팀장 사이는?

제가 듣기로는
죽마고우라던데요.

함께한 세월만 놓고
보면 그렇다나.

죽마고우?

부모님들끼리 친구여서
평생 서로를 의식하며
살았다는-

뭐 대강 그런
스토리죠.

멍...

습관처럼 으르렁대니까 처음 본 사람들은 전부 원수지간인 줄만 알아요.

뭐- 결국 싸움으로 정든 거니 그 말도 반쯤 맞는다고 해야 할까.

저도 박팀 고정 멤버가 되기 전까진 괜히 두 사람 눈치 보고 그랬거든요.

가만 보면 우리 대표가 제일 이상한 사람이야. 안 그래?

저렇게 못 싸워 안달인 사람 둘을 매번 같은 현장에 붙여놓으니.

그러게요.

하루는 박팀이 너무 지겨워서 최팀하고 다른 현장에 보내달라고 건의했는데

'너희는 시너지가 좋으니까' 라면서 거절했대요.

시너지는 개뿔!

하하- 그것 봐~ 악취미라니까? 그쯤 되면 싸움 붙여놓고 즐기는 게 틀림없어.

설마요. 서로 경쟁하며 잘하란 뜻이겠죠.

그-그럼- 걱정할 만한 일은 없겠죠? 심각한 다툼이라거나-

네! 그럴 일 없을 겁니다.

그치만 좀 자제하시라고
두 분께 말씀드려야겠네요.

건축주께서 걱정할 정도면
반성해야죠.

뭐야 사람 놀리는 것도
아니고-

첫날부터 싸우는 줄 알고
괜히 심장 쫄깃했네.

그 참에 단어공부도
하라고 해 박가네
사람들이 뭐람.

별로 기대도
안 했습니다.

우리가 떠난 후에도
그날의 작업은 계속되었습니다.

기단부가 일정한 높이가 되도록
레벨을 조정하고

←먹줄

벽채의 위치를 다시 한 번
먹줄로 표시했으며

기둥이 설 자리에
고정핀을 박았죠.

그리고 목수들이 열심히
일을 하는 동안 우리는−

꾸준히 차를 달려
경기도의 한 자재 매장에
도착했습니다.

우히히 신난다~!

다락방에 넣을
예쁜 창이랑 문을 골라야지~!

미안… 다락방엔
문을 달 수 없어.

에?!!

## 83화 한 땀 한 땀

아니 엄마 그게 무슨 소리요?!

문이 없다니? 어째서?!

생각을 해봐라.

문 높이가 보통 2m 정도는 되잖아.

사람 키보다 커야 하니까.

반면에 우리 다락은 가장 높은 곳도 그에 한참 못 미친단 말이야.

그러니 일반적인 문을 달 수가 없지.

하긴….

아쉽다… 강아지 출입문이 달린 방문을 시도해보고 싶었는데-

하아…

그건 정말 딱 너다운 생각이구나….

설계사도 다락에 출입문은
안 된다고 하더라.

그래요? 왜요?

집 면적에 포함되지 않는,
일종의 서비스 면적 같은 거라서

허가를 내줄 때 제한하는
사항이 꽤 있는 모양이야.

난방이나 수도 설치
못 하는 것처럼?

그렇지.
그런 요소들이 갖춰지면

실제로 방이나 거실과
다를 게 없으니까.

꾸욱

벽 한쪽이 뚫린 게
영 보기 싫으면
예쁜 커튼을 치자.

안내

FORMATION

오 그것도
괜찮은걸?

저런 걸 다 일일이 골라야 하는 건가?

콩

콩

안녕하세요! 문경 현장 건축주님들이시죠?

이쪽으로 오세요. 안내하겠습니다!

네!

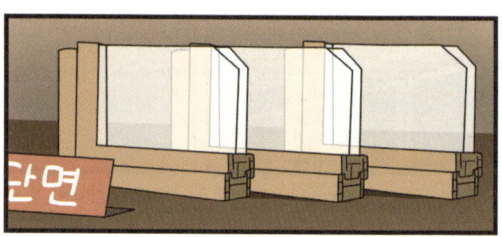

단면

당신은 어때?
우리도 같은 자리에
창문을 달 예정인데.

난 직사각형 창이 좋아.
등은 하얀 등으로.

이건 무슨 창이지?
비스듬한 벽에 붙어 있네.

다락용 창문인가?

활
짝

이렇게-
발코니처럼
열리는 창이에요.
지붕에 설치하는.

열어봐드릴까요?

넵.

정말 환상적이에요!
한 번쯤 꿈꿀 법한
예쁜 창이네요!

그렇죠?

하지만…

?

우리 동네처럼
벌레 친화적인
곳에선… 한 번 열 때마다
날벌레가 폭풍처럼 밀려들어오겠지….
일찌감치 포기하자 포기해….

중얼

중얼

으아악!!
못 들은 걸로 할게요!!

저어- 그래서
이 창문이 얼마죠?

아- 이 제품은-

우와…

물끄러미…

고정창으로
하고 싶어?

아직 결정하진 않았지만
마음에 들어.

환기하기 힘들 텐데
웬만하면 열리는 걸로
골라봐.

음… 확실히 공기가 좀
답답할 수도 있겠네.

그래. 네 다락 쪽엔 창문 자리가 하나뿐이니까 여러 가지를 잘 고려해야지.

아 어렵다~ 아름다움이냐- 실용성이냐-

둘 다 가질 수 있음 좋을 텐데.

우리는 직원의 도움을 받아 오후 내내 각 공간에 넣을 창문의 모양과 크기를 결정했습니다.

창문은 어쩔 수 없었으니 다른 걸 예쁘게 꾸며야지….

전 여러 가지 제약 때문에 아쉽게도 인터넷에서 보던 예쁜 창대신

일반적인 싱글슬라이더 창을 고를 수밖에 없었지만요.

1등급 창문이 2등급보다 단열 효율이 더 좋습니다.

그런 뒤, 창문의 단열 등급이나 지역에 따른 등급 선택 등의 설명을

추가적으로 들으며 고민의 폭을 넓혀갔습니다.

하지만 2등급이 효율이 나쁘다는 뜻은 절대 아니며

문경이나 상주 부근의 경우는 2등급을 쓰셔도 무방합니다.

하긴- 아무래도 남쪽이라 서울보다는 따뜻한 편인 거 같아.

그치만 우리 집터엔 바람이 너무 세게 불어서

난 안전하게 1등급으로 하고 싶어.

그래? 난 2등급도 괜찮을 거 같아.

일단 가격 차이도 있고.

저- 오늘 급하게 구입할 건 아니니 이 부분은 더 고민해볼게요.

이만 문이랑 현관을 보러 가도 될까요?

네. 가시죠.

문의 경우는
워낙 디자인이 다양해서

상당 부분 종이자료를
참고하기로 했습니다.

디자인은 이 카탈로그들을
참고하시면 됩니다.

세 가지 브랜드의 두꺼운 카탈로그로
빠방하게 준비했으니

집에 가져가서
편하게 감상하세요!

빠
밤
밤

오오~

전시장엔 저희 회사에서
추천하는 제품 위주로
진열되어 있습니다.

대리님! 이건 얼마쯤 하나요?

현관문 같은데 다른 것보다
훨씬 튼튼해 보이네요.

그 제품은 독일 직수입
제품이에요.

마이 걸 이거 봐봐!

월등한 강도의 내구성을 자랑하고
방범효과도 뛰어납니다.

하지만 다른 현관문들보다
가격대가 있는 편입니다.

현관이니까
그 정도 가격이면

엄청 부담스러운
정도는 아니네요.

ABS 도어는 합성수지로 만들어-
습기에 의한 손상이 적다-

우리가 아파트에서 쓰던 것도
ABS인가?

대리님 이거-
문 여는 방향 반대로 바꿔서
설치할 수도 있나요?

네 가능합니다.

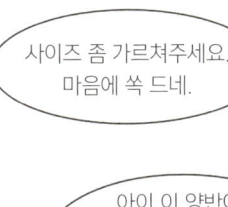

사이즈 좀 가르쳐주세요.
마음에 쏙 드네.

오- 타공도어류 마음에 든다.
다용도실에 포켓도어로 달면
좋겠는데?

아이 이 양반아-
천천히 결정해-
한두 푼짜리도 아니고-

설치는 직접 하나요?

아니요. 이 제품은
브랜드 직원이 배달부터
설치까지 해드려요.

개 출입문 있는
디자인은 없는 건가….

으아아- 피곤해-
계속 걸었더니 힘들다-

엄마- 우리 오늘 같은 쇼핑을
몇 번이나 더 해야 해?

글쎄- 외장재, 지붕재,
계단재, 난방재, 단열재-

등도 사야지.
거기다 벽지랑 마루-

뭐 적어도 그 정도?

흐이잉-

진짜 한 땀 한 땀이구만-

그거 다 고르다가
내 머리카락 다 빠지겠어-

호호

재미있지 않니?
설마 벌써 지친 거야?

걱정 마 딸냄!
넌 아빠 닮아서
어차피 다 빠져~

으아앙!

오오오!!!

제 인생의 자랑거리.
제 분신과도 마찬가지인
트럭이죠.

멋져요! 이런 공구트럭
하나 있으면 목수로서
정말 든든하겠어요!

짜잔~!!

하지만 뭐니뭐니해도
가장 빛나는 건

이 녀석의
이름입니다!

오호호

트럭을 마련해서
그 이름을 딱 붙여줄 때!

그 두근대는 마음을 절대
잊을 수가 없을 정도로!

뭐죠?
이름이 뭐예요?

…키트!!

전격Z작전!!?

헙

이름 최고다!
그야말로 화룡점정!

엄마.
전격Z작전이 뭔데
저 난리야?

와아~

너 태어나기 전에 더빙 방영했던 외국 드라마야.

네 아빠랑 연애할 때라 더 재미있게 봤던 기억이 나네.

얼레리 꼴레리~

키트는 그 드라마에 나온 최첨단 자동차예요.

인공지능도 탑재하고 있고 한마디로 만능 파트너랄까.

오- 팀장님도 열심히 보셨나봐요.

헷흠!

박팀장님! 우리 팀은 저런 트럭 안 씁니까?

물론 우리도 있어요.

저런 트럭은 아니지만- 저 앞쪽에-

천막으로 도구를 보관할
임시창고를 세워두었는데요.

허
르
음

? ?

스스스스

자-잠깐!
지금 무진장
실망한 표정이신데?!

후훗.
오늘도 나의 승리.

방
방

뭐가
승리라는 거얏?!

우리는 각 팀장에게
전날 결정한 사항들을 전달했습니다.

꼬덕
꼬덕

그리고 다음 1주간
목수들은 별 탈 없이

창문과 문 모양을 반영한
벽채를 서서히 쌓아갔습니다.

기이양-

사아악

타캉
타캉

타캉
타캉

사소한 실수가 있긴 했지만-

박팀장님! 잠깐만요!

네?

이건 너무 낮아서 발까지 내놓고 식사하게 생겼잖아요…!

부엌 고정창이요- 위치가 영 이상해요!

일반적인 식탁 높이 위쪽으로 걸치게 해달라고 부탁드렸는데-

옴마나? 제가 왜 그랬을까나? 뭔가 착각했나 봅니다~

고칠 수 있는 거죠?

그렇죠!?!?

물론입니다.
다시 하면 되죠.

아... 뒷통수가 찌릿해...

이글 이글

제가 현장에 계속 있었으면
바로 말씀드릴 수
있었을 텐데...

밭도 돌봐야
하니까...

아무튼, 이번엔 정확하게
전달드릴게요!

바닥에서 90cm되는
지점부터 고정창 아랫면이
시작하게 해주세요!

알겠습니다!
이번엔 실수 없을 겁니다!

늦기 전에 발견하고 고쳐서
큰 문제는 없었답니다.

한편 가족들은 그동안
종종 현장을 확인하면서

새로운 과제를
해결해야 했습니다.

곧 지붕도
생기겠지.

굉장하네.
벌써 천장 골조가
올라가는구나

으잉? 우릴 제치고
먼저 입주한 자가 있잖아?

누구?

왕거미 씨.

뭐래~

키득

키득

하려던 거나 마저 하자.

응.

골조 작업이 끝나면, 전기 기본 설비들을
설치해야 하기 때문에

미리 전등이나 콘센트, 스위치의
위치를 표시해둬야 했거든요.

거실 콘센트는
어디에 두면 좋겠어?

몇 개나 할 건데?
일단 TV쪽에 하나
필요할 거고-

음… 이쪽에
에어컨을 놓을 거니까
하나 더 있어야 할 거야.

그럼 여기다 표시할게.
어때?

좋아.
스위치는
어디다 둘까?

거실에서 제어할 등이
몇 개인데?

가만있자- 데크등.
지붕 아래 외부등,
거실 내부 회전팬과 전등,

아- 화장실이랑 계단등
스위치도 여기 있어야 해.

참 여러분 그거 아세요?

집을 짓는 동안
가장 재미있는 기간은
골조를 올리는 동안이래요.

매일매일 눈에 띄게 모양이 달라져서

하루가 다르게
그럴싸해지는군.

미완성인데도
벌써 멋진 공간 같아.

결국은 근사한 태를 갖추게 되니까요.

그리고 제게는 특히 이 시간이

다락이라는 공간을 더 특별하게 만든

변화의 계기가 되었답니다.

완공까지는 얼마나
더 걸린대?

글쎄- 한 달 반?

그저께부턴
다락 뼈대를 세우고 있어.

한 달 반?!
그렇게 빨리?

난 한 6개월쯤은
소요될 줄 알았는데!

단독주택이라서 그런가?

투두둑

난 한 달 반도
무지무지 긴 것 같아.

얼른 입주하고 싶은
마음뿐이야.

어- 하늘에 매 떴다.

매? 진희가 알아낸 거야?

응. 매라던데.

게다가 여기 사는 매가 비단 한 쌍뿐 만이 아니래.

오- 몇 마리나 된다는데?

투둑

사각

삐ー액

도합 12마리.

으악

엄마! 이모! 노니랑 초롱이 대피시켜욧!!!

쩝...

소르르
르르

그러니까~
내일 오후쯤?

그래야
주문한 사람들도
예정대로 주말에
김장을 할 수 있을 거야.

서울로 배달은
언제 갈 건가?

절임배추 포장만
마치면 바로
출발해야지.

옥순아. 트럭은
우리가 써도 되지?

그래.
우린 봉고차에
실어가면 돼.

이게 마지막이야?

응~ 몇 포기만 더 내리면 돼.

야- 진희 말이야. 전시회가 꽤 잘됐나 보더라.

누나가 제안한 기념상품들이 워낙 좋았어.

아냐 아냐- 진희가 찍은 사진들이 훌륭했던 거지.

난 그냥 충동적으로 아이디어를 냈을 뿐이야.

지-진희야- 이 사진들-

왜? 뭐 이상한 거 있니?

부들 부들

이 사진들 너무 귀여워! 소장하고 싶다~

기념상품으로 만들면 안 돼?

오-

피곤한 부엉이가 연신 고개를 꾸벅이며 졸고 있는 사진으로 스티커를!

좋아 좋아.

가령 이 볼 빵빵한 다람쥐 사진으로는 엽서를-

빵!

하하하

새가 똥을 싸기 위해 한껏 꼬리를 치켜든 사진으로 뱃지를!

아야…
마지막 건 좀….

그런 것도 귀여워?

아무튼 잘 팔려서 다행이야.

아무리 작은 카페에서 하는 전시회라지만-

어렵게 잡은 기회인데 아무 수입도 못 내는 건 정말 아쉽잖아.

부끄…

참- 진희는 언제 내려온대?

오랜만에 서울에서 부모님이랑 몇 주 지내다 온대.

뭐 여기도 마침- 겨울이 다가오면서 할 일이 줄어들고 있으니까.

알았다고 했지.

흠...

흠- 그런데 난 그 부분이 좀 문제인 것 같아.

엇- 누나도 그렇게 생각해?

뭐가 문제라는 건데?

풍덩

그게- 얼마 전부터 카페에 1회용 미니 잼을 보내고 있거든-

앞으로도 정기적으로 물량을 맞춰 보내려면, 지속적으로 재료를 수확해야 할 텐데-

우린 겨울에 아무 농사도 짓지 않으니까….

정기적으로 상품을 보낼 만큼 잘 팔린대?

으..

아직은 몰라요. 사장님도 별 말씀 없으시고.

좋은 상품을 생산했으니 판매는 나에게 맡겨!

하지만 어쨌든- 장기적으로 봤을 때 꼭 해결해야 할 문제임에 틀림없군.

좋아! 그 건은 아빠한테 맡겨라!
좋은 생각이 있다!

오? 뭔데?

서.프.라.이.즈!

지은 아빠~ 국진 씨!
4시 반이네!

목수들 퇴근 전에
현장 둘러봐야지!

그래야지.

나도 갈래!

저도요!
구경하고 싶어요!

그럼 잠시 하던 거 멈추고
다 같이 다녀오자.

잡으세요.

감사합니다.

으샤

와아~ 넓다!

딱 누나 맞춤 높이네!
난 까딱하다 머리 박겠어.

지은아~ 지은아아~

?

다락에 올라가 보니
어때~?

신나요~!!
아주 좋아 죽겠어요~!!

누나- 이것도 봐봐.
정말 예술적인데.

위를 봐. 내 생각엔
지금 여기가 하이라이트
같단 말이지.

와아…!

어머- 어제는
이런 모양이 없었는데

이 모양대로 다락 천장이 나오는 건가요?

뭐 전부는 아니지만 거의 그렇다고 볼 수 있죠.

통통

거미그물 같은 가로 모양은 안 보이겠지만 벽채로 비스듬히 세로로 뻗은 구조목들은 그대로 천장을 이룰 겁니다.

근데 뭐- 가운데에 가로지르는 벽을 세울 거라.

사실 천장 모양은 크게 의미 없어요.

그대로 해놓으면 아마 별 모양 비슷하게 나올 것 같네요.

그런가요? 아쉽네요.

쫑긋

계획 변경이라—

벽을 세우지 말자, 그 말씀이십니까?

넵! 저도 천장 모양이 마음에 쏙 들었거든요!

가능하겠죠?

혹시 설계 변경을 동반해야 하나요?

아뇨. 이 경우는 건물 외부 구조가 변하는 게 아니라서

설계 변경은 필요치 않습니다.

하지만 예정했던 벽 대신,

천장을 받쳐줄 무언가는 있어야 합니다.

제 생각엔— 방 가운데에 기둥을 세우는 것이 가장 효율적일 듯한데

어떻게 생각하십니까?

한가운데에 기둥을?

가로로 긴 창!!

자재배장에서 본
긴 고정창!!!

저 자리에 딱이야!

잘됐다 딸냄!
네가 맘에 들어 하던
그 창을 달 수 있겠어!

슬슬 청사진이
눈에 보이는 듯하군요.

기둥은 걱정 마세요.

이 공간의 인상에
어울리는 멋진 녀석을
만들 테니까요.

좋아요! 그럼 전 다락 인테리어를 다시 꾸려야겠네요!

팀장님께는 곧 고정창 사이즈를 알려드릴게요.

좋습니다.

다음 날 우리 팀은 몇 가지 남은 작업과 함께

다락에 변경 사항을 반영하는 것으로 골조 작업을 마감했습니다.

이젠 부지런히 내·외부로
살 만한 공간을 만드는 데
힘을 기울일 차례입니다.

그중 첫 작업으로
외부에선 팀원들이
벽에 합판을 붙이고

철근 발판을 마련해
원활한 작업 환경을
만드는 한편–

내부에선

지역 전기업자가
기본 전기 설비를–

기초 공사 이후로 오랜만에
다시 만난 설비팀이

수도와 보일러
배관 시공을 시작하느라
분주합니다.

끙 끼끼

끙

그리고 여기에
또 두 사람.

건축 현장의 열기 못지 않게
구슬땀을 흘리고 있는
이들이 있었으니-

꼭 잡아!
힘이 좀 들 거야!

끼
끼
끼
끼
깃

으야앗!

워이잉!

됐어! 그만!

??

스케일이 이렇게
커지다니-

아빠는 어떤 면에선
정말 대단하달까~

좋지 뭐. 앞으론 사계절 내내
뭔가 만들어 팔 수 있잖아.

# 87화 보일러 시공

철근이네.

그러네.

아 그건 저희 집
창문이에요. 이쪽 길로-

뭐 빠진 게
있나요?

음- 혹시 대리님이
영수증 하나 더
보낸 거 없나요?

구매 내역이랑 가격 등이 상세하게 적힌 영수증을 부탁드렸는데 안 와서요.

?

예? 아- 그게 농가 주택 저금리 대출을 하려면, 증빙 서류로 그걸 제출해야 해서 따로 부탁드린 거예요.

네네. 그럼 다음 자재 도착할 때 동봉 부탁드려요. 예-

부시럭

뭔가 착각했었나 봐. 다음 번에 같이 보낸대.

띠릭!

뭐하는 거야?

…

불길한 기운이야…. 우릴 찾아왔어….

건축주님들.

아- 설비팀장님!

불

쑥

혹시 시간 있으십니까?

시간-

없어욧!

엣흠...

소문으로 들으니 사모님들이
그렇게 깔깔이를 잘하신다면서요?

저희팀 보일러 시공도
도와주시면 안 될까요?

또?

일손이 모자라면
팀원을 늘려욧!

우리 팀장
잘한다!!

111

이제는 전문가가 다 된…
깔깔이 2인조의 투입으로

보일러 배관은 며칠 사이
빠르게 바닥을 메워갔습니다.

곧 펌프카 불러도
될 것 같습니다.

네. 연락해볼게요.

그런데 시멘트를
붓기로 한 그날-

미치겠어! 시멘트는 이미 부었고!
시시각각 굳어가고 있는데
미장공이 가버렸다고!

팀장님!
말 좀 해보세요!

팀장님!

죄송합니다!
이런 상황이 될 줄은…

최팀장이 주제넘게
참견한 거야~

전문가를 불렀으면
그 사람의 영역을
존중해줘야지.

이것저것 지적을 해대니까
화나서 가버리잖아.

아마추어도 아니고~
도대체 왜 그랬어?

그-그건-

우리 팀장님은
잘못 없어요!

미장공 작업 태도가
불량해서 몇 가지 주의를
준 것뿐이에요!

댁이야 말로 잘 모르면서
함부로 말하지 마세요!

저기- 얘들아-
옹호는 고마운데-
나도 분명
지나친 점이-

모르긴 뭘 몰라!
나도 아까 저 지붕 위에서
똑똑히 다 봤어!

아 그래요?
그래서 남의 집 불구경하듯
실실거리고 있었나 봐요?!

오~싸움인가?
누가 이기려나?

너희 작작 까부는 게 좋을 거다. 지금은 객원이지만 나도 평소엔 팀장급 맡는 사람이야.

그게 무슨?!

이게 무슨?!

그게 뭐요! 우린 뭐 미래에 팀장 한 번 안 할 거 같아요?

그만들 해!!!

박팀장님!

김형. 조언은 고마워. 이만 자리로 돌아가서 하던 일 마저 해.

119

이봐!
얘네들이 지금-

아-알았어. 갑니다.
팀장님….

미장공들은요?
설득이 안 됐어요?

곧장 차에 올라 가버리는 바람에….
나머지 한 분은 남으시긴 했는데-

하필 일 배운 지 며칠
안 된 신참이라네요….

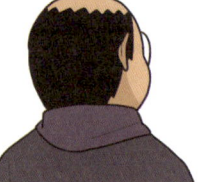

아- 이를 어째-

그냥 우리가 직접 들어가서
하면 안 되나요?

제게 조금이지만
미장 경험이 있습니다.

앞뒤 상황이 어떻게 된 건지 저도 잘 모르는 상태입니다만

어쨌든, 지금은 잘잘못을 따지는 것보단

사태를 수습하는 것이 최우선 과제라고 생각합니다.

그래서 건축주께 양해를 구하고 저희 팀도 2현장을 도왔으면 합니다.

네. 그렇게 해주세요.

전문가처럼 정밀하진 못할 겁니다만 최선을 다해보겠습니다.

저희도 함께하죠.

다들 모여봐! 두 팀 다!

혹시 조금이라도 미장 경험 있는 사람 있어?

전문적으로 배운 건 아니지만 개인적으로 몇 번–

좋아. 그거면 됐어.

나머지 팀원들은 아는 미장공 있으면 전화해서 사정 얘기해봐!

알겠습니다!

그럼 이선생께선 밑에 대기 중인 레미콘에 연락하셔서

지금 상황 전달하시고요.

알겠습니다.

…아무튼 정말 미안합니다. 어떻게든 말렸어야 하는데….

뒤늦게 배우는 처지다 보니 저 혼자 책임질 실력도 못 되어서….

뭐 일단 어떻게든 해보십시다.

그리고 마지막으로–

너!

반성 다 했냐?

정신 차리고 따라와.
오늘 둘 다
야근하게 생겼으니까.

도구가
필요해.

뭐-뭣?

...

-미안하다.

미안하면 전복갈비찜.

ㅇㅇㅇ-

되는 대로 전화를 돌렸지만 갑작스러운 요청에

곧바로 응할 수 있는 미장 전문가는 없었습니다.

그래서 어쩔 수 없이 이미 콘크리트가 굳어가는 2현장은

수습 미장공을 포함해 현장에 있는 사람들끼리 급하게 마무리해야 했어요.

후우– 거실은
이 정도면
됐겠지….

티–팀장님! 오후에라도 괜찮다면
일 끝내고 오시겠답니다!

자–잘됐다!

좀 어떻습니까?

매끄럽게 잘하시긴 했는데
얼추 봐도 수평이 맞질 않네요.
특히 모서리쪽들.

하지만 다행히
몇 시간 후 다른 전문가가
현장에 도착해서

1현장은 정상적으로
작업을 진행할 수
있었습니다.

그럼 물콘크리트를
부을까요?

그러는 게 좋겠어요.
기울어진 곳으로 흘러가서
수평을 맞춰줄 겁니다.

2현장도 추가적인
대책을 마련했고요.

그렇게
정리됐습니다.

아~ 그 정도로
보완이 가능하다니
정말 다행이다….

정말 죄송합니다.

이번 일로 인한
추가 비용 발생은
제 쪽에서 부담하겠습니다.

무슨 일이 있었는지는
잘 모르겠지만… 뭐 사실
알고 싶지도 않고.

이만큼 진행된 마당에
책임자를 바꾸는 건
손실이 더 크다고
전 생각해요.

그렇게 어느 정도
일이 수습된 후

그러니 팀장님 능력을
더 이상 의심할 일이
없도록 조심해주세요.

명심하겠습니다.

팀장님들은 팀원들만
먼저 퇴근시킨 채

밤늦게까지 밀린 일을
하다가 돌아갔습니다.

정말이지 혼란스러운
하루였어요.

## 89화 **지붕재**

그날 밤

어쩐지 모든 일이
순조롭다 했어.

세상 일 호사다마라고
항상 방심하면 안 되는 건데
말이야.

앞으로 현장에서
더 오래 지켜봐야겠어.

감시하는 것 같아
좀 그렇지만.

응. 이젠 농한기라
할 일도 그다지 없으니까.

후루룩

안주도 먹어.
그러다 속 버린다.

오늘 내내
속이 타서 그런가
자꾸 넘어가네.

그나저나 우리 지붕재를 주문해야 할 것 같은데-

수입 기와 보는 거야?

응. 스패니쉬 변색 기와 종류.

네 거 고르면 우리 집 지붕에 올릴 쉥글도 찾아보자.

쉥글?

이거 어떤지 좀 봐봐. 차분하게 섞인 붉은 계열 색들이 멀리서 봐도 예쁠 것 같아.

너도 기와로 하는 줄 알았는데…

지중해풍 외관은 쉥글 지붕재로는 무리 아닐까?

나도 그 로망을 쭉 밀고 나가고 싶었는데… 건축비용이 점점 가시화되니까-

너무 욕심 부리면 안될 거 같잖아…

쉥글    기와

그렇다고 단열재나 내부 인테리어에 투자를 줄이고 싶진 않아서 비싼 기와를 바꾸기로 한 거야.

게다가 쉥글은 싼 가격에 비하면 성능이 무척 우수해.

그럼 나두… 싱글로 할까… 돈 걱정 하는 거야 마찬가지고…

혼자 기와 올리는 것도 미안하고…

무엇보다 지중해풍 로망은 우리 둘이 함께해야 더욱 의미가 있는걸!

졸썽

크윽- 나도 몇 날 며칠 힘들게 고민해서 내린 결정인데

그렇게 말하니까 너무너무 슬프잖아-

그러니까 나도 싱글로 할게!

으엉엉

훌쩍

안 돼! 포기하지 마! 넌 나보다 훨씬 더 많이 그 로망을 동경했잖아!

헙…!

그러니 너만은 돈 따위에 굴하지 말고

꿋꿋이 그 길을 향해 나아가줘!

으앙~ 미안해 옥순아- 사실 나도 그 기와만은 포기를 못 하겠어~!

흑흑

으엉

괜찮아~ 서로 다른 개성을 가진 집이 어울려 사는 모습도 정말 멋질 거야!

자고 싶다…

130

너 어제-
너무 대책 없이
앉아만 있더라.

우물우물

일을 저질렀으면 수습을 해야
하는데 말이야.

회사 이십 몇 년 다니면서 이런 일
안 겪어본 거 아니잖아.

그건 그렇지.

목수로 전향하고 나선
처음 있는 일이라 많이
당황했었나 봐.

익히 알던 거라
더 재수없어!!!

뭐라는 거야~

투 투 툿

뭐!? 진짜?
이런 사고가 없었다고?

알잖아. 넌 몰라도
난 없었어.

ELITE

흔치 않은 기회!

말이 나와서 말인데-
어제 김형이 한 말-

좀 빈정거리는 투였지만 귀담아
들을 부분도 있었어.

어쨌든 어제는 내가 널
수습한 역사적인 날이니
더 잘난 체해야지.

전문가의 영역을
존중하라는 그 부분?

물론 기술적인 영역을
존중하라는 의미였겠지만-

확대 해석하면 작업자들이
별 문제없이 임무를 마치고
돌아가도록 해야 한다는 거지.

인정해. 그건 내 잘못이야.
개인적으로 마음 상하는
구석이 있었지만

한창 작업 중일 때
상대방 기분 상할 만큼
표현할 필요는 없었어.

그래. 그러지 않으면
고객이 제일 곤란하겠지.

…내 실적도 곤란하고.

내 말을 잘 듣는군.

아니거든요오-

써익

그 사람도 그 상태로 현장을
두고 간 게 잘한 일은 아니지만

너도 굳이 화나게 할
필요는 없었어.

참- 수습생들도 앞으로를
생각하면 좀 더 엄하게 교육을-

너 그만 먹고
집에 가라….

너희도 감정 조절하는 법은 잘 연습해둬라.

새겨 듣겠습니다.

그래서 안 온대요?

그렇습니다. 대체 인력은 신청했고요.

다만 지금은 본사에 대기 중인 인력이 없어 시간이 조금 소요될 것 같다고 합니다.

참 이거, 곧 써야 할 자재 목록입니다.

뭐 차라리 잘된 건지도 모르겠네요.

솔직히 저도 그분, 마음에 안 드는 점이 있어서….

아 팀장님– 저도 조만간 기와 주문할 거거든요.

올릴 준비되면 말씀해주세요.

아 그리고~
이 기와는 그쪽 회사에서 직접
직원을 파견해 설치한대요.

그럼 당분간의
인력 부족이 그다지
부담이 되진 않겠군요.

월요일 아침
약간의 해프닝이 있었지만

각 현장은 진행하던 공정을
잘 마무리한 후 새로운 국면에
들어서기 시작했습니다.

이제는 외장재와 내장재를 안팎으로
채워 넣을 차례입니다.

## 90화 방수 전쟁

우와아!!!

여기 여기!

설마 설마!

해뤼 포터의 계단 밑 벽장?!!!

그 이야기를 왜 안 하나 했지.

련련련~♫

런런~♫

너무 기대하지 마~ 창고라서 잠잘 공간은 없을 테니까!

해뤼 포터가 뭔가요? 동화인가?

아 해뤼 포터 모르세요?

윙가~르디움
레비오우사!

???

몰라도 괜찮아요~
마법이 좀 어렵나요~?

음….

딸냄! 가자!
점촌까지만
데려다주면 되지?

응. 아빠~

우등으로 끊었어?

응. 점촌 터미널에서
10시 15분 차.

그래. 잘 다녀오고
돈 많이 벌어와~

갔다 올게~

이모! 이모부!
서울 갔다 올게요!

그래! 조심해서 다녀와!

하여튼- 그래서 지붕을
슁글로 바꾸려고요.

슁글로요?
기와로 할 거라고
하셨잖아요….

예… 전엔 그랬는데….
혹시 불가능한가요?

아니요… 그렇진 않아요.

다만 이미 골조를 기와 지붕에
많이 맞춰서 올려둔 상태라-

골조를?

아- 그러니까- 골조를 올릴 때도,
지붕재의 무게 등을 고려하면서
틀을 짜거든요.

가령, 우리 두 현장은 무거운 기와를 받치기 위해 다른 지붕재보다 더 골조를 튼튼히 짜서 올렸어요.

쉥글의 경우는 이보다 경량인 골조로 보통 설치하곤 하죠.

이런…. 건축엔 초보라 그런 사정은 잘 몰랐네요.

일찍 바꿨으면 구조재 값도 아낄 수 있었겠네.

제가 충분히 안내해드렸어야 하는데

그땐 워낙 마음이 확고해 보이셔서….

기와! 기와!

아냐. 구조목보단 기와가 훨씬 훨씬 비싸다구.

차라리 좀 튼튼한 집 얻었다 치고 쉥글로 하는 게-

그럼 이왕 이렇게 된 거 그냥 기와로 가지?

그래요. 비용절감이 목적이시니까, 굳이 기와를 고집하실 필요는 없어요. 쉥글도 좋아요.

또 다른 변동사항 없으시면,
전 이만 일에 복귀하겠습니다.

네. 전 방해 안 되게
근처에서 구경할게요.

아 팀장님-
싱글 지붕은 우리가
직접 설치하는 거죠?

네.

하하- 건축주님은
제 생각보다 더 이 일에
관심이 많으시군요~

어렵지 않다면
저도 같이 해볼 수
있을까요?

이날부터 한
여러 가지 작업을

박팀장님은 쉽게
'집에 우비를 입힌다'는
표현으로 비유했습니다.

비가 새어 들지 않게

지붕엔 방수지를
벽에는 투습 방수지를
붙이고

화장실 외벽으로 난
배관에도-

다음 날 창문을 설치할
창문 구멍에도-

마당에서 쓸 전기 단자 주변에도-

밖으로 난 온갖 틈새에 테이프를 붙여
단단히 물에 대비합니다.

지금 알려드리는 방식대로
테이프를 붙이면

물이 틈새로 스며들지
않고 흘러내려 갑니다.

처음엔 아래부터-

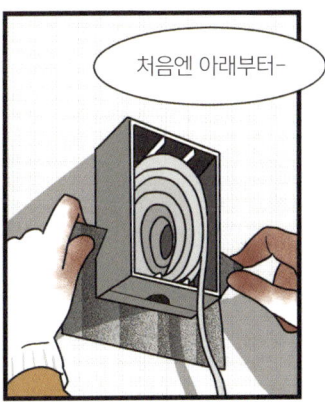

우리가 이 위에
곧 외장재인 세라믹과,
시멘 사이딩을 붙일 건데-

그 전에 레인 스크린 작업을 해서
벽과 외장재 사이에 틈을 주고

외장재 안쪽으로 스며드는 습기가
원활하게 배출되도록 하는 거죠.

틈
외장재
습기 배출
방수지
벽

와아… 건물 외부는 그야말로
물과의 전쟁이군요.

아, 물을 막는 것만큼 중요한 것이
또 하나 있죠.

벌레를 막는 설비인 '버그스크린'도
꼼꼼히 설치합니다.

버그스크린

오래된 집을 빌려 사는 동안
얼마나 벌레에 시달렸는지….

밤엔 돈벌레가
집단 출현하고!

자다가 지네한테
손을 밟혀 놀라 깨고!!

노니가 뒤진 쓰레기를 치우다
바퀴벌레와 접촉하고!!!

그래서 나중에 벌레막이가
설치되었다는 이야기를 전해 듣고
얼마나 안심이 됐는지 몰라요.

꾸벅

크아앙

자 여기.
잼값이야.

스윽

그래. 다 팔았어.

우와 생각보다 훨씬 많네─

혹시 다 팔렸어요?

오오오~ 잠깐만~
기뻐하는 건 아직 일러.

난 너희가 만든 잼을,
한 달 동안 손님들에게

오직 시식용으로만
제공했어.

판매를 안 하셨다고요?

그래. 돈은 전혀 받지 않았지.
그러니까 그 돈은

내가, 너희에게 지불하는
상품값이라는 뜻이야.

그럼… 시장조사를
하신 걸로
이해하면 되나요?

헐! 어쩌지!
내가 너무 앞뒤 자르고
말했나 보다!

들어봐 얘들아.
그런 게 아냐.

마─말씀하세요….

내가 하고 싶은 말은,

너희 잼이 지금 당장
돈 받고 판매하기에
자격 조건이 많이
부족하다는 말이야.

## 91화 **자격 조건**

자격 조건이요?

기본적으로 맛은 호평.

가격이나 양은 빵과 함께 구매했을 때 한 끼 해결하기 부담 없는 수준.

그게 전반적인 평가였어.

시장조사 결과는 상당히 만족스러웠어.

〈 구매 의향 있음 〉
이유는
- 크림 치즈 대용으로 굿
- 세트 말고 단품판에도 부탁
- 빵이 충분할 듯
- 다양한 맛이 있어서 좋음

단골들은 카페에 들를 때마다 다른 종류의 잼을 맛볼 수 있다는 점을 흥미로워 했고….

너희도 알겠지만, 우린 대학가 근처에 자리 잡은 카페라서—

○○대학교

자취하거나 공강인 친구들이 간단히 요기하러 많이 왔었죠.

겸사겸사 자리 잡고 공부하는 학생도 꽤 있고.

그럼- 도대체 뭐가 부족한 거예요?

얼른 알려주세요. 궁금하단 말이에요.

그래서 너희가 초보라는 거야~

사람들에게 식품을 판매하는 건 큰 책임감을 가져야 하는 일이야.

동의하지?

당연하죠!

그럼 종종 이런 뉴스를 봤을 때, 기분이 어땠니?

불시에 검문한 식당의 위생상태가 엉망이었다든지

유통기한이 지난 재료로 식품을 제조했다든지

먹던 음식을 재활용했다든지 하는 내용 말이야.

화나죠!

내 돈 주고 쓰레기 먹는 거나 마찬가지잖아요….

그래! 바로 그거야!

사장님… 그럼 저희 잼이 쓰레기라는…?

이런 귀여운 녀석들~!!

손님들이 식품을 구매하면서 기대하는 건 비단 맛뿐만이 아니야.

아… 위생, 식품의 안전성-

그런 부분이 부족하다는 뜻이군요.

그래. 너희 식품은 그 부분에서 사실상 아무것도 증명하지 못했어.

심지어 생산자에 관한 서류상의 정보도 없는 상태지.

이제 뭘 해야 할지 알겠니?

그런데 저희끼리 그걸 해낼 수 있을까요?

음… 너희끼리 하는 게 영 자신 없다면…

명칭은 정확히 모르겠지만… 식품제조업 등록 같은 거?

또- 위생검사라든가…?

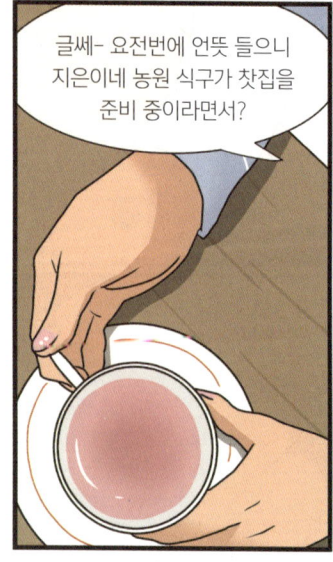

글쎄- 요전번에 언뜻 들으니 지은이네 농원 식구가 찻집을 준비 중이라면서?

아 그렇지! 경숙 이모! 분명 지금 그런 준비를 하고 있을 거예요!

오케이! 좋아~ 그럼 난 더 이상 왈가왈부하지 않을게.

지금은 너희 고용주도 아니고, 파트너니까.

알아서 잘할 거라고 믿어! 아니 잘해야 해!

사장님… 굉장해… 오늘 정말 멋져요!

훗, 내가 멋지다는 걸 부정하진 않겠어.

게임 NPC 같아요! 굉장해!!

그-그래… 내가 퀘스트를 준 셈이구나….

용사여
광석 5개를 가져오게

또요?!

딸랑-
딸랑-

우리가 아는 게 너무 부족하네….

일단 뭐라도 조사를 해봐야지.

후아~ 어렵다 어려워~

155

그런데 말야…
이런 식으로 따져보고 나니까−

우리가 프리마켓에 식품을
들고 나갔던 건 어떻게
되는 거지?

음 맞아… 프리마켓에서는−
주최측에서도 딱히 그런 규제를
안내하진 않던데.

그러고 보니 인터넷에서
본 적이 있어.

작년부터 그 문제로
꽤 시끌시끌했던 모양이야.

제주도에서 프리마켓의
즉석 조리나 식품 판매에 대한
규제로 갈등이 있었대.

프리마켓이 여기저기서 활성화되니까 규제할 필요성을 느낀 건가….

그런 것 같아. 앞으로 어떻게 되는지….

참, 내 방에 놓을 조명 고르러 갈 건데 진희 너도 같이 갈래?

오 재밌겠다~

사장님과의 미팅을 순탄하게(?) 마친 우리는 조명가게가 모인 거리로 향했습니다.

셀 수 없이 많은 종류의 조명을 구경하느라 시간이 좀 걸렸지만

결국 마음에 드는 전등 3개를 골라 주문할 수 있었어요.

그리고 다음 날
제가 문경에 돌아왔을 때

현장에서는 레인스크린 작업을
막 마치고 창호 설치를 하는
중이었습니다.

하루 사이에 내 방에
뭔가 많이 쌓였네.

단열재야.

오~ 그래서 이렇게
푹신푹신하구나~
솜 종류인가?

깜짝

콕 콕

콕 콕

야야! 맨손으로 만지지마!
손 줘봐! 얼른!

이건 솜이 아냐!
유리섬유란 말이야!
미세한 유리로
가득하다구!

가렵고 그렇진 않아?
손끝만 갖다 댄 거지?

따-딱히
가렵진 않아….

유리?

일단 큰 파편은
없어 보이니까

긁거나 털지 말고 곧장
흐르는 물에 살살 씻어내.

알았어…!

※건축현장에서는 항상
안전에 유의하세요!

하나 둘 맞는 자리에
창문을 끼운 후

다시 꼼꼼히 테이프를
붙여 마감해주고

남는 시간에는 지붕재를 얹기 위한 사전 작업을 합니다.

박팀장님, 최팀장님 오늘 일은 다 끝나신 거죠?

네. 이제 숙소로 가야죠.

그 전에 오늘 다 같이 회식 한 번 하시죠!

회식 좋죠!!!

우와!

화잇!

남은 한 달 더!
잘해주시라는 뜻에서-!!

꽈악

세어보니 오늘이 일한 지
딱 30일 되는 날이더군요.

그동안 잘해주셔서
감사하고 또-

저희 동네에서 유명한
송어 요리집을 예약해두었습니다.

가시죠!

쎄익

부들

부들

손이 얼얼할 정도의
압박이 느껴졌어…

그나저나 이렇게 많은 일들을 했는데

아직 한 달밖에 지나지 않았다니
다시 생각해도 놀라워요.

앞으로 할 게 산더미 같은데

한 달 후 완공된다는 사실 역시
놀랍기는 마찬가지고요.

살짝 맛보기?

아무튼 오늘은 모두 함께
송어회를 음미하며

잠시 쉬어가기로 합니다.

## 92화 단열재

나도 일하고 싶다….

안녕하세요.
건축주님이시죠?

아- 새로 파견 나온
팀원이시군요!

반갑습니다.
한 달 동안
잘 부탁드려요.

최선을
다하겠습니다.

저- 내부에서 단열재 작업을
시작할 건데요.

좋지 않은 먼지가
날릴 수 있어서-

아 그럼-
전 내려가볼게요!

넵. 일 끝나고
또 뵙겠습니다.

팀장님~ 어딘가 제가 거들 일이 있을 거 같지 않습니까?

아~ 심심해~ 심심하다~

. . .

마침 하실 만한 일이 하나 있습니다.

사모님께서 부탁하신, 거실 내벽 선반이에요.

이 선반의 디자인과 제작을 전부 일임하는 바입니다.

가능하시겠죠?

오오옷-!

어-어떻게 만들지!
일단 구상을 해야겠지!

망치도 구해오고!

피곤

탕 탕

멋지다-!

집이 엄청 커 보여.
30평 그대로 맞지?

바뀐 거 없어.
정확히는 29평.

우리 집은
28평.

신기하네- 아무리 봐도 30평으로는 안 보이는데.

다락이 있어서 그런가?

가로 길이가 길어서 그렇게 보이는 거 아냐?

아냐, 주변에 비교할 건물이 없어서 그런 거 같아.

뭐 어쨌든- 커 보여서 나쁠 건 없지!

하하핫

아~ 직접 보니까 나도 얼른 이사 오고 싶잖아~

내부는? 지금 볼 수 있어?

저녁에, 목수들 일 끝나면 올라와서 보자.

지은아~ 내려가서 김치부침개 해먹자~

넹~

쩌벅 쩌벅~

이모 의논할 게 있는데요.

응. 뭔데?

오- 그런 부분을 요구하셨다고?

그래서 식품제조업 등록을 해야 할지, 어떻게 하는 건지 알고 싶어요.

믿음직한 분이네. 진심으로 너희가 잘 되길 바라시는 것 같다.

본인한테 도움이 돼서 그런 것뿐이라고, 아마 말씀은 그렇게 하실걸요.

요즘 세상에 흔치 않은 사람이야.

아르바이트생들한테 그렇게 신경 써주니 고맙지.

여하튼 너한테 정말 좋은 롤모델이 있어서 엄마는 든든해.

나도 그렇게 생각해.

세준이 덕이야. 나야 몇 개월 잠깐 일했지만.

세준이는 몇 년 동안 꾸준히 가게에 출근했으니까.

어디 보자~ 그럼 어떻게 하는 게 가장 좋은 해결법이려나~

직접 등록하기는 아무래도 대출 없인 어렵겠지…?

잼 제조를 너희 가게에서 하는 게 좋지 않겠어?

찻집 준비하면서 이미 허가 받은 시설이니까.

응. 나도 그게 가장 빠르고 좋은 방법이라고 생각해.

허가를 받으려면 적당한 곳에 생산 시설을 마련해야 하는데

일단 얘들은 그럴 자본이 전혀 없고.

나도 반쯤은 농원 직영 가게라 생각하고 준비했으니까.

어떻게 생각하니?

좋아요. 하지만 그 전에 친구들 의견을 물어볼게요.

이 점도 꼭 알려줘. 잼이나 너희가 만들 식품의 수익금은 당연히 제대로 챙겨줄 거지만

너희가 사업자로서 따로 독립하기 전까진 그 상품의 생산자는 내 이름으로 등록되는 거야.

물론 책임도 내게 있고.

찻집 오픈이 임박해 경숙 이모 역시
바쁜 나날을 보내고 있었지만 흔쾌히 우리에게
도움의 손길을 내어주었습니다.

돈 버는 사회인으로 거듭나는 게
정말 쉬운 일은 아닌 것 같아요.

자립하기 위해 정보도, 경험도, 자본도 충분히
쌓아야겠다고 다시금 다짐했습니다.

한편, 이미 보셨듯이
오늘 2현장에서는
팀원들과 이모부가

쉬글 지붕재를 얹는
작업에 주력합니다.

우리 1현장은 골조 사이사이에 단열재를 넣고 있고요.

이게 바로 유리섬유입니다. 척 보기에도 꽤 두껍죠?

습기가 머물지 않도록 지붕 밑에

바람구멍 역할을 하는 자재를
먼저 붙인 다음

이렇게 골조 사이사이를
모두 단열재로 메우는 거예요.

말로는 간단해 보이지만

내벽을 모두 채워야 하는 만큼
워낙 작업량이 많아서

여러 명이 며칠은
꼬박 여기 매달려야
한다네요.

아! 단열재 넣을 때
새 팀원이 도착하다니

신이시여
정말 감사합니다!!!

내일은 드디어 기와가 도착하고

감격

안도

파벽돌을 제외한 외장재-세라믹/시멘 사이딩 설치도 동시에 진행될 테니

〈 앞·옆면 〉

〈 뒷면 〉

포인트로 '파벽돌'

눈에 띄는 곳이므로
조금 더 고급인 '세라믹 사이딩' 사용

눈에 띄지 않으므로
더 저렴한 '시멘 사이딩' 사용

그야말로 모두에게 정신 없는 하루가 될 것 같아요.

비나이다-비나이다-

눈과 비 소식이 없기를
비나이다-

짠!

검댕이 묻을 일도 아닌데 도대체
어디서 일부러 묻혀온 거야?

아잉- 모양이나 얼른 봐!
마음에 들어?

난리법석을 떨어놨구만.
다시 만들어줘.

물건을 어디에 올리란거야

흐엥?!

## 93화 바람 바람 바람

후-

단열재가 아직
천장까지만 들어갔는데도
꽤나 따듯하네.

창문이 열렸는데도
이 정도면-

앞으로 난방비 절감을
기대해도 되겠어.

그치
지은 아빠?

끄응...

...

너무 복잡할
필요 없다니깐.

어디 봐봐.
다 그렸어?

끄적

여기. 모빌 걸 자리만 빼고
균일하게 나눴어.

모빌칸

벽

그래 이거야!
딱 마음에 들어.

너무 단순하지 않아?

?

단순한 게 멋질 때가 있는 거야.
빛나야 하는 건– 이 위에 올릴
물건이라구.

그런가… 마음에 들면
그렇게 만들게.

또독 또독 또독–

기와 도착했습니다.

지붕에 정말 신경을
많이 쓰시는군요!

덕분에 이런 고급 자재를
정말 오랜만에 만져봅니다!

이야- 이거
동 페이샤잖아!

기와랑 색이 잘 어울릴 것
같아서 큰 맘 먹고 질렀는데

너무
오버한 걸까요?

아니요. 잘하셨어요.

이 동이 천천히 시간이 지나면서
점차 더 진한 색으로 변해갈 텐데

그게 기가 막히게 기와랑 잘 어울릴 겁니다.

탁월한 선택이에요.

뭐- 좀 비싸긴 하죠. 유럽에서도 부자들만 쓰는 자재라는 카더라 통신이 있어요.

대신 수명이 거의 영구적이니까요.

역시… 오버한 거 맞구나….

동페이샤를 지붕 끝에 먼저 장착한 뒤

파견 나온 기와회사 직원들은 기계의 힘을 빌려

지붕 위로 무거운 기와를 모두 날랐습니다.

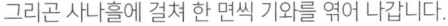
그리곤 사나흘에 걸쳐 한 면씩 기와를 엮어 나갑니다.

흠….

기와가 너무 헐렁하지 않나요? 좀 더 튼튼하게-

예예~ 필요한 만큼 하고 있습니다~

181

기와가 지붕을 차츰차츰 점령하는 동안

단열재는 벽 내부까지 작업이 진전됐고

외장재는 앞뒤 면 모두
거의 부착을 마쳤습니다.

자재상이 착각하고
세라믹 사이딩을 덜 보냈대요.

이틀쯤 걸린답니다.

어쩐지… 전 제가 재료를
낭비했나 해서 식겁했어요.

어쨌든… 이 비계는 바로
철수시키는 게 좋겠네요.

한편, 서울 근교에선 경숙 이모의 찻집이 개업을 앞두고 있었습니다.

이모~ 저희 왔어요~!

오~ 얘들아 와줬구나~

와- 인테리어가 확 바뀌었네요.

아구찜 가게였던 건 상상도 못하겠다.

어떠니? 편하게 들를 수 있는 공간이었으면 해서 무겁지 않은 분위기로 꾸몄어.

음- 뭐랄까 흔히 보는 카페의 편안한 느낌이면서도-

곳곳에 있는 식물이 마치 숲속에 들어와 있는 듯한 분위기를 자아내네요.

텅 텅

그런데 아직 좀 휑해요.

내 의도가 잘 전달되는 것 같구나. 아직 물건 진열을 못해서 너희들이 도와줬으면 해.

ㅌ두두

부석

홍보는요? 전단지도 돌려야 하지 않아요?

응. 일단 진열부터 하구.

힐끔

낑기림

앞으로 자주 드나들며 신세 질 가게이기에 우리는 더욱 성심 성의껏 개업 준비를 도왔습니다.

185

어떻게 진열하면
가장 예쁠까?

종류가 많으니까
그라데이션 넣듯이
색깔별로 모으는 건
어때?

참, 지은아 잼은 언제부터
만들기 시작할 거니?

두어 달쯤 걸릴 것 같아요.
하우스에 이것저것 심긴 했는데
아직 충분히 자라질 않아서.

그럼 일단 꽉 채워서 진열하고
나중에 자리를 마련해보자.

네. 비니거랑 청은
이쪽 냉장고에 넣을게요!

응. 그래 그래.

와-! 잼은 이 안쪽에서
만들게 되나요?

응. 너희 셋이
함께 일하기에도
그리 비좁진 않을 거야.

그나저나… 평소에 재생할 음악을 고르려는데

음악엔 영 내공이 없어서 뭘 틀어야 할지 도통 알 수가 없구나….

제가 골라드릴까요? 여러 세대가 아울러 들을 수 있는 곡이면 되겠죠?

응.

그럼 리메이크 음악이 좋지!

오! 찬성 찬성!

근데 지금은 EDM 틀자! 신나게 일하게!

EDM 좋지!

187

## 94화 개업

직원들 전부
준비됐나요?

넵!

예에!!!

우리 가게 직원은
장난감을 갖고 놀 수 없는데
괜찮겠어?

흑엥

자 그럼-
마지막으로 점검해보자.

흐흑~

테라스까지 테이블
상태 양호하고.

전단지 모두 돌렸고 지역 커뮤니티에 홍보도 했어요.

날씨도 좋아서 늦가을 치곤 거리에 사람이 많을 걸로 예상합니다.

인터넷 판매도 어제 저녁부터 개시했어.

이제 남은 건 기다리는 일뿐인가….

끄덕

그럼 스탠바이! 위치로!

짝

빠이팅!!!!

쳐—억

잘해야 돼.
첫 손님이니까.

초롱
초롱

드셔.

귀여워~

점심시간이 조금 지나자 개를 동반한 부부 손님을 시작으로

많진 않지만 조금씩 사람들이 방문했습니다.

작은 가게인데
직원이 많네요.

이모가 하시는 가게인데
잠시 도우러 왔어요.

꽃차 종류가 많아
손님들이 주문을
어려워하지 않을까
걱정했지만

이모가 정성껏 만든 메뉴판이 다행히
제 역할을 해준 것 같아요.

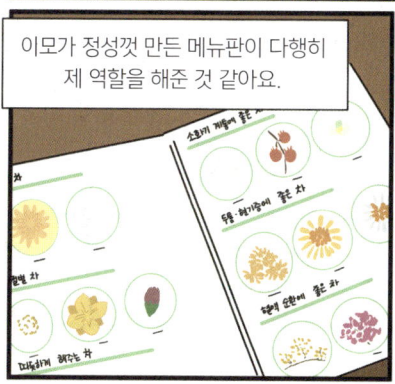

엄마 이거 봐봐.
관절염 예방에 좋대.

그런 거 말고.
향 좋은 차 중에
골라봐.

나이 많은거
안좋 좀 봐라

첫날이라서 그런지
이모는 매번 차를 낼 때마다
짧게 기도를 올리시더라구요.

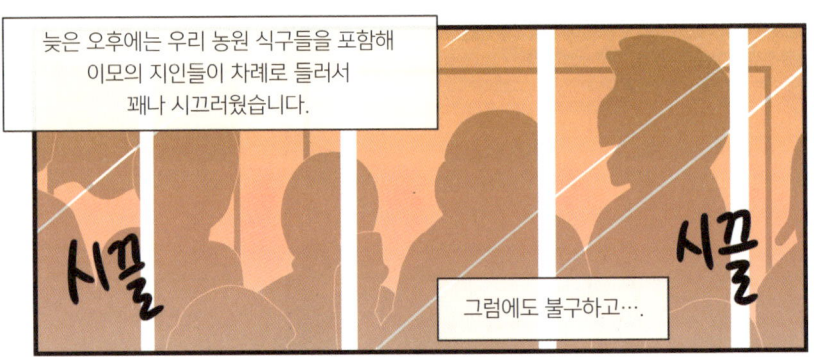

늦은 오후에는 우리 농원 식구들을 포함해
이모의 지인들이 차례로 들러서
꽤나 시끄러웠습니다.

시끌

시끌

그럼에도 불구하고….

수입이 정말
형편없구나….

지인들이 와서
쓴 돈을 빼면…

이제 이틀째잖아요.
한두 달은 추이를 봐야죠.

그래. 오늘도 열심히
해보자.

하지만 그다음 날도… 또 그다음 날도….

우리가 문경으로
돌아간 후에도

난 괜찮아…

의미 있는 소득에는 미치지 못했습니다.

인터넷 판매도 거의 없네….
홍보를 더 해야 하나….

한편, 일주일 정도 가게 일을 돕고 난 후 문경으로 돌아왔을 땐

집의 모습이 또 많이 바뀌어 있었어요.

단열재 위에 일부분 방수포를 붙이고

또 그 위에 석고보드를 부착해 벽을 마감하고.

화장실엔 방수처리를 했습니다.

거실 천장에는 용마루와 서까래를

각 방의 문도
제자리를 찾아 들어가고

모자랐던 외장재 부분도
모두 채워져서

바깥에서만 봤을 땐
제법 괜찮은 외관이 되었답니다.

## 95화 이 공간에 기여한 사람들

아- 다락에 각이 많아서
석고 붙이기 진짜 힘들었다~

형님 나도
겁나 손 아픔.

내벽의 석고 부착이 끝나면 우리 가족은
더욱 신경 쓸 일들이 많아집니다.

이제부터 작업할 부분들은
인테리어 분야에 더 가까워서

그래서 몇 주 전부터 관련 업체들에
미리미리 의뢰를 해놨답니다.

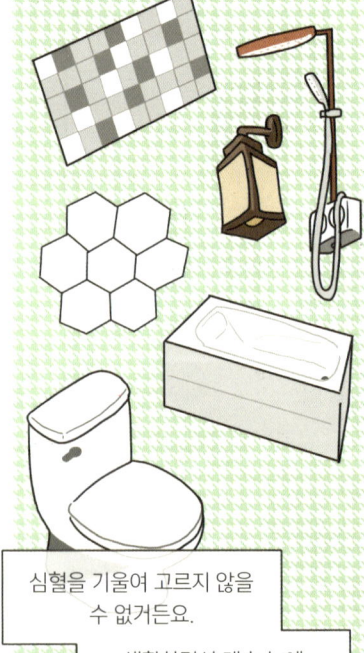

그중 먼저 일을 시작한 건

타일 가게 사장님과
그 직원들입니다.

심혈을 기울여 고르지 않을
수 없거든요.

생활하면서 계속 눈에
밟힐 부분들이니까요.

각 화장실과 다용도실,
현관바닥과 주방벽에

타일을 부착하고 줄눈까지
만들어 작업 마감!

다음은 세면시설
가게 사장님과 직원들!

같은 분(...)들이
또 출근하셔서

세면대와 욕조, 변기,

예쁜 해바라기 샤워기까지
설치하고 가셨답니다.

그 후 목수들이 환풍기가 달린
천장을 올리며

집 내부 중 화장실을
가장 먼저 완료했습니다.

참, 그러고 보니 화장실을 어떻게 꾸밀지 계획할 때 정말 신기한 걸 알게 됐어요.

홈쇼핑에서 욕실을 팔아?

새 집에도 적용이 가능하고요

전에는 관심이 없어서 몰랐는데~

와- 나도 오늘 처음 알았네….

타일, 세면시설, 휴지걸이, 전등까지 싹 다 와서 설치해준다는 거네?

좋아! 이걸 구매하면 홈쇼핑 최대 구매액을 갱신할 수 있어!!!

세상 참… 상상 이상이로다…!

엄마~ 그만둬~ 충동구매는 안 돼~!

파앗

어쨌든 그 이후엔 주방시설 업체 직원들이 도착해서

싱크대와 아일랜드 카운터 전기레인지를 설치,

꽤나 산골이네요

마루 시공사 직원들이

강, 강마루 전문…

기술공 항시 모집…

1층 전체에 정갈하게 강마루를 끼워 넣고

통 통 통

마지막으로 지역 도배업 사장님과 직원들이 와서

요샌 복층 알람이 너무 많아…

천장이 높아 작업하기 힘들다고
잠시 불평하셨지만

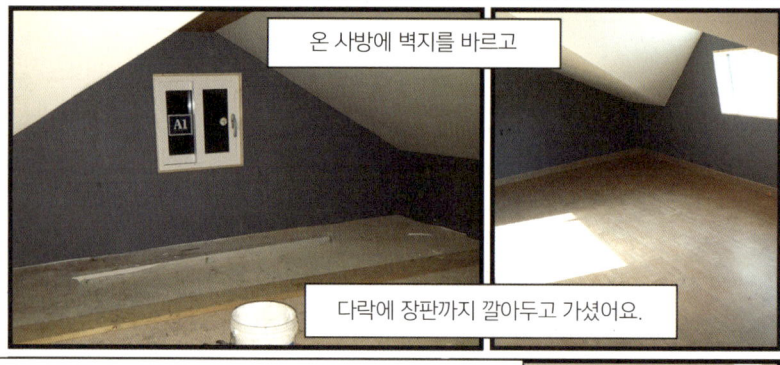

온 사방에 벽지를 바르고

다락에 장판까지 깔아두고 가셨어요.

물론 이 모든 일이 단 며칠 사이에 일어난 건 아니에요.
무려 2주 동안 진행했으니까요.

아 정신 없어.
이제 얼추 끝났지?

전기 쪽
아직 안 됐어.

아- 그래.
전기 사장님한테도
연락해야지.

두 번 권했다간
머리 다
빠지겠어

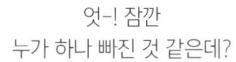
엇-! 잠깐
누가 하나 빠진 것 같은데?

이봐~!
나 여기있어~!

두 명.
별로 많진 않아.

덜그럭

소규모 수업이네.
재밌겠다.

오오~ 그동안
수강생도 생겼어?

꽃차 선생님이
오셔서 코치 많이
해주셨어.

달그락

우리 딸은
일 잘하고 있니?

응. 세준이랑 둘 다
카페에서 일한 경험이 있어서
그런지 능숙하더라.

강의할 때도 애들이
분위기를 잘 잡아줘서
화기애애해.

하하하

달각

그래서 내가
너무 고맙다.

지붕 다 올라간 다음에
눈 와서 다행이다.

아- 근데 골조 작업할 때도
비가 좀 와서 며칠간 천막 씌우고
작업 중단한 적 있었어.

빠빵
빠방

ㅇㅇㅇㅇ

경숙아, 여기 일 생겨서-
또 연락할게~

석유~보일~~라
시키셨~죠?

예에! 맞습니다.

싱글
벙글♫

저어- 사장님-?

♫♪♫♪

저희랑 전화로
연락한 사장님 맞으세요?

예에~ 맞아요~

왜? 내가~ 나이 들어서
일~ 못 할 거 같수?

쩌
릿

아뇨 그게 아니라
전화로 온다고 한 분과
다른 것 같아서요.

내가 그 팔푼이한테는
아직 안 밀리지.

흐읍

켈록

켈록

부아아앙

끼익

아부지!!!

덜컥

화장실 간 사이에
또 트럭을 몰고 달아나다니!!

난 아직~ 창창해!
네가 일을 못 하게~ 하니까~

나보고 어쩌란 말이에요!!
의사선생님이 무리하지
말라는데!

으으으ー

보일러 역시
지역 업체에 의뢰해
설치했어요.

솔직히 말해봐요
아부지!

끼익
끼익

나 못 믿어서 자꾸 이러는 거지?
물려줬으면 잠자코 좀 지켜보라구~!!

심심해서 그런다 이눔아!!
심심혀서!!

도시에서는 보통 가스보일러를 쓰지만
우리는 가스를 끌어오기 어렵기 때문에
석유보일러를 택했습니다.

농촌에서는 연탄이나 화목 보일러도
애용하는데, 석유 보일러의 편의성이
더 좋다고 판단했어요.

그리고 이렇게 2주 동안
여러 가지 작업을 마쳤답니다.

어- 그런데 그동안
목수님들은 뭘 했냐고요?

계단 영역은 목재 종류만 써드린 대로 맞춰주시면 문제 없을 거 같아요.

이쪽이 여러 목재가 막 뒤엉키는 부분이라

고민을 많이 했거든요.

알겠습니다.

엄마 이모네도 구경 가자.

그래.

인테리어 부분의 작업을 진행하면서 각 현장엔 건축주와 팀장들의 성향이 고스란히 드러나기 시작했습니다.

이모~ 구경 왔어요~

어~ 지은이 왔니?

엇 이건 선반인가?

응. 술병들 올려두려고.

이거는 뭐야?
여기도 나무를 붙이네.

으음-

아트월이야.
멋있겠지?

글쎄- 너무 과하지 않니?
정신 없는 느낌?

그래? 난 그런 생각
별로 안 드는데.

흠...

색깔도
칙칙하고

취향이지 뭐.

이모네 집 쭉
둘러보니까-

군데군데 장식 들어간 곳이 꽤 많아.

벽 모서리나
전등 달 자리 주변에도.

최팀장님 말씀대로예요.

건축주와 각 팀 목수들 간 궁합이
잘 맞아서인지 우리 두 현장은
잡음이 거의 없었거든요.

하지만 건축주와
목수 사이는 그저
궁합이 좋다고 해서

만사형통은
아니더라고요.

엄마는 박팀장님의
디자인 감각이
만족스러웠기 때문에

그날 이후도도 며칠간
현장에 크게 간섭하지
않았지만

팀장님! 이 모서리요!
이렇게 툭 튀어나오면
보기가 흉측하잖아요.

죄송한데-
계단 모서리에 딱 맞춰서
다시 작업 부탁드립니다.

어느 순간부터 조금씩
엄마의 기대에
어긋나는 일 처리가
보이기 시작한 겁니다.

에이~ 좀 봐주세요~
그거 하나 때문에

번거롭게 여러 군데를
손봐야 해요~!

안 고치면 저는 일평생
이걸 보면서 마음이
불편할 거예요~!

이런 일들이 생기다 보니

엄마는 예기치 못한 결과물을 방지하기 위해
하나부터 열까지 목수들의 작업물을
감시하듯 검사했고

그런 엄마의 감시와 짜증 속에서
팀장님은 자꾸만 일을 다시 해야 했죠.

어색...

그러니 점점 어색한 기운이 쌓여갈 수밖에요.

웬만한 건 그냥
넘어가고 싶은데…

막상 눈에 보이면
그게 잘 안 돼서-

으으… 요 며칠간은 현장에
들어가는 게 괴롭다….

요청사항을 상세하게
전달하는 것 같은데

왜 이렇게 자꾸
삑사리가 나지?

여러분~ 오늘의
간식이 왔습니다~!

오셨어요?

넵-

잠깐만요! 팀장님!

그 부분 목재를 왜 가로로 붙여요?

보통 안정감을 위해 가로로 붙이는데요.

헐! 전 당연히 세로로 붙이는 줄 알았어요! 역동감 있게-

혹시 그거 떼어내고 다시-

후우-

. . .

인테리어의 일반적인 경향을 적용한 것뿐인데

이것도 마음에 안 드실 줄은 몰랐네요.

하지만 이건
제가 살 집이니까-

일반적인 것보다는
제 말을 따라주셔야-

그래요. 그래야죠.
대신 뭔가 조치를
취해야겠습니다.

뭐-뭔데요?

나는 이제 당신의 아바타!
앞으로 마감까지 며칠간
우리는 한 순간도 떨어질 수
없습니다!!

왜 이걸 묶으라는 거예요…?

옆에서 바로 바로
의견을 전달해드려야

번거롭게 다시
고칠 일이 없겠죠.

남은 기간 동안
더 신경 쓸게요.

···매사 건축주의 의견을
묻지 않은 건 사실 제 잘못입니다.

여보~ 여기 있었네~?

응.
간식 배급 차.

근데 뭐야?
이 밧줄은?

## 97화 연말 선물

나는 당신의
아바타!

우리는 이제
한 순간도 떨어질
수 없어요!

내가 언제
그런 식으로 말했냐!

나보고는 뭐?
프로의 책임이 어쩌구?

그러더니 웬
아바타 타령~

자꾸 놀릴래?!

파

대사가 좀
유치하긴 했지.

영화를 너무
열심히 본 거 아냐?

별일이네. 엄마가 이런 걸 다 하자고 하고.

집이 예쁘니까 절로 흥이 난달까.

올해는 기분을 내보고 싶은걸.

트리 만드는 건 어렸을 때도 딱 한 번밖에 못 해봤는데.

어머, 그랬나?

양말을 걸어둔 적도 없었던 것 같아.

그래도 선물은 꼬박꼬박 줬잖아.

카하히

그렇지 그게 중요하지.

하… 어렸을 때만
선물 받는 건 줄 알았으면

좋은 거 많이
달라고 할걸.

나야말로
그 소원 때문에 얼마나
고민했는지 알아?

기억난다~

괜히 연필깎이 같은 거
달라고 빌어서~

이거… 진짜로
연필깎이를 줘야 하나?

너무 소박한 거
아니야?

그치만 그렇게
적어놨는걸….

그래서 올해는 좀
비싼 거 사주십니까?

음마~?
이렇게 큰 애기가
세상에 어딨다냐~

엄마. 우리-
아랫밭 부부한테
연말 선물 하나 하면
어떨까?

뭐어어-?!
그 부부한테?
선물을?!

나-나도 어처구니 없는
소리인 건 아는데-

전기 설치로 도움 받은 이후로
고마움을 표시한 적 없잖아.

관둬라 관둬,
그 부부랑은 엮이면 골치 아파.

긁어 부스럼이라구.

그때 일도,
딱히 도움을 줬다기보단

그 사람들이 형님네에
빚진 걸 갚은 것뿐이잖아.

어쨌든 우리 입장에선 도움을 받은 거잖아.

보답을 해야지.

딸… 그 사람들이 이 마을에서 힘든 일을 겪었다고 해서…

그것 때문이 아니야~

이웃이랑 썩 좋지 못한 관계인 게 불편해서 이러는 거야….
그래서 애써보려는 거라고.

단지 그뿐이야….

게다가 앞으로 전기 연장처럼 또 그 사람들을 대면할 일이 있을지도 모르는 거니까~

또
르
르
…

좋아!
선물과 감사의 편지를 보내자!

방금 머리 굴리는 소리가 났는데….

대신… 줘.

뭘?

크리스마스 선물.

엥?

천진난만한
어린애가 되어볼 테니

선물을
달란 말입니다~!

크앙

메롱

그렇게 해서 저는
약간의 고마운 마음과

(꽤 많은) 전략적 계산이 담긴
정중한 감사의 편지를
쓰게 되었습니다.

계세요…?

크게 말해!

아무도 안 계세요?!

다행이다! 집에 없나봐!

아무도 없어서
문 앞에 두고 왔어!

포기가 너무
빠른 거 아니냐?

엄마 아빠는
근처에도 못 갔잖아~

## 98화 대장정의 끝

10월쯤 시작했던 대장정이 새해를
조금 넘겨 끝을 맞습니다.

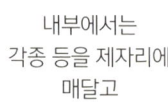
내부에서는
각종 등을 제자리에
매달고

선반이나 인터폰을
설치하는 등의
자잘한 과제를
해결하고

외부에서는
집 앞뒤에 데크를
짓는 것으로

모든 공정을
마무리 짓습니다.

그러고서도 마지막 날까지 목수들은 남는 목재로

무언가를 만들어내느라 분주합니다.

대결! 남은 목재 활용하기 대회!!

천하제일 목 수 대 회

공동 프로젝트를 끝낸 목수들이 개인적인 솜씨를 뽐내는 대회죠.

그리고 마침내 이별의 시간입니다.

작업 테이블은 놓고 가요.
필요할 때 쓰세요.

자 이제 갈까?

뭐라도 만들 때
어려운 거 생기면
전화하시고요.

고마워요.

갑니다~ 행복하게
잘 사세요~!

잘 가요!
다들 고생 많았어요!

245

참 국진 씨-

조만간 또 봅시다!

목수님들 고생 많으셨습니다!
좋은 집에서 잘 살아볼게요!

ㅇㅇㅇ~
들뜬다~!

꺄아

언제 입주해?
언제 할 수 있어?

진정해. 입주 전에
수도 공사도 하고
설계변경에 준공검사도
해야 하니까.

다락의 높이상
원래 쓰던 장농이나 책장은
들여올 수 없어서

새로운 수납공간을
만들어야 하거든요.

여기는 벽돌을 5개?

6개.

너무 높은데?

키 큰 책들을 꽂을 거라
어쩔 수 없어.

좀 불안하지만…
무거우니까 쉽게
무너지진 않겠지.

살짝

됐다.

수납공간은 이 정도면 충분하겠어?

응. 그런데 좀 번잡하지 않을까 걱정이네.

수납이라곤 해도 물건이 다 보이는 형태니까.

어디에 뭘 올릴 계획인데?

뒤쪽은 사무공간으로 쓸 거라 책이나 사무용품을 넣을 거고

키큰책

사무용품

소중하니까

침대 옆은 덕질하면서 모은 수집품들, 인형들.

249

앞의 왼쪽은 만화책들만

아아~
코타츠도 놓고~!

오른쪽은 옷과
화장품만 수납할 거야.

그럼- 책은 많이 꽂아놔도
어지러워 보이지 않으니까
그냥 두고

바구니를 사서 옷이랑
사무용품만 내용물이
안 보이게 담자.

굿 아이디어~!

훨씬
깔끔할 거야.

그럼 다락은
해결됐지?

거실이랑 작은 방에도
벽돌 선반 만들자.

참, 그리고 이제
입주가 다가오잖니~?

엄마한테 입주 선물 줄
생각 없어?

줄게.

엥?

뭐-뭐 줄 건데?!

노..농담인데

에스프레소 머신 살까?
그라인더랑.

여긴 카페도 멀고.
엄마 바리스타 자격증도
도전했었으니까.

우왁?!
이게 웬 횡재?!

가정용을 사도
쪼끔 값이 나갈 텐데?

진짜로 괜찮아?!

저금한 거 있어.
괜찮아.

못 믿으면
안 사준다!!!

오랜만에 뵙습니다. 다들 절 잊지 않으셨겠죠?

짜잔!

훗

누나에게 제 등장 횟수를 늘려줄 것을 요구했습니다만.

받아들여지지 않았던 것 같군요.

찌릿

어엇! 카메라! 어디로 가느냐!! 게 섰거라!!!

누구한테 말하는 거야.

몰라.

오늘은 두 집 모두 이사하는 날.
그래서 가족들이 전부 이곳 문경에 모였습니다.

엄마~ 우리가 잘 가르칠게~
애들 미워하지 마~

집 안에서도 아무데나 오줌 싸면
너네 둘을 쫓아낼 거니까 알아서 해!

이모와 마찬가지로
엄마도

오늘은 집 안을 보호하는 데
혼신의 힘을 쏟고 있습니다.

새 집이니까 절대,
절대 마루를 상하게 할 수 없어.

적어도 오늘은 안 돼.
입주도 못 했는데
속상하니까.

좋아. 이렇게 하면 바닥에
뭔가 떨어져도 흠집이 나진 않겠지.

대단한 집념이야….

뜨륵

뜨륵

이제 짐 들어가도
되겠습니까?

네. 준비 완료입니다.

드륵

드륵

집으로 올라오는 길이
좁은 탓에

오늘도 대형트럭에 있던 짐들을
소형트럭으로 한 번 옮겨오는
번거로운 과정을 거치고 있습니다.

코너 주변 밭이라도
조금씩 사서

길 너비 넓히는 걸
고려해봐야겠어.

음. 그렇게만 해도
대형트럭이 올라오는 데
큰 문제 없을 거야.

사장님, 이 조립책상은
어디로 갑니까?

두르륵

이건 우리 딸내미 거라
다락으로 가야 해요.

잠깐만, 이거
곰팡이가 슨 거 같은데?

어 그러네.

이리 주세요.
닦아서 햇빛에
좀 말리게.

네.

니스칠도 한 번 더 해.

오랜 기간 짐 보관을 하면
종종 이런 경우가
생기긴 합니다….

죄송…

지은아!

왜?

책상에 곰팡이 펴서!
햇볕에 말렸다가
나중에 올린다!

알았어!

왜?

이 화장실 써도 돼?

엄마!
엄마!

뭐?

당연히 안 되지!
수도공사도 한창이고

아직 정화조 연결도
안 했는데.

귀찮으면 오늘만
근처 사람 없는 데로 가던지….

속닥
속닥

도리
도리

엄청 급한 거 아니면 밑에
집에 내려가서 싸고 와.

헉!

밖에서 해결하려면 땅을 파서
다시 묻어야 하는 쪽이야?

끄덕
끄떡?

가자!
차 타러!!

두 둥

뿌 뿌 뿡 =3

어우 똥 방구!!
좀 참아라!!

수도공사는 며칠 뒤에야 끝이 났고 각종 오물을 모으는 정화조와

쏴아

물 나온다.

생활하수를 처리할 하수관도
땅에 묻었습니다.

이젠 정말 서류상의 절차만
남은 거예요.

어때요?
설계랑 달라진 게
있나요?

지붕이, 그러니까 다락 천정이
설계보다 높아졌습니다.

그게 문제가 되나요?

아니요. 웬만해서는
아마 별일 없을 겁니다.

설계변경 신청에
반영만 하면 될 거
같아요.

그래도…혹시 준공검사 때
문제 생기면 연락주세요.

넵.

## 100화 준공검사

입주의 마지막 관문, 준공검사를 하는 날입니다.

설계사무소와 시공업체 등에서
준공검사에 필요한 서류를 제출하면

지자체에서 검사원을 파견해
규정을 벗어난 것이 없는지

현장과 서류가 다른 부분이 없는지 등
여러 가지를 체크합니다.

자네가 외부를 맡아줘.

측량 결과는 이미 합격이니까
그 외 이상한 부분 없는지 잘 보고.

알겠습니다.

준공검사 끝났어?!

아니 이제 막 시작했지.

먼저 이모네 집 내부를 확인하러 들어갔어.

그럼 우리 집은 아직?

응.

다행이다. 나도 다락 검사할 땐 보고 싶었거든.

화재경보기와 소화기 배치도 빼먹기 쉽지만

준공검사 때 건축주가 꼭 챙겨야 할 부분이에요.

소화기랑 화재경보기는 어디에 설치했는지 보여주시겠어요?

화재경보기는 부엌과 거실, 각 방에 하나씩 부착했고요.

부엌은 연기 감지되는 걸로 하셨죠?

넵. 나머지 방은 온도감지 모델로요.

그리고 소화기는 현관 앞에 하나 두었습니다.

스티커도 잘 부착하셨군요. 좋습니다.

이제 다락을 보러 올라가죠.

이쪽입니다.

시간이 좀 걸리네.

꼼꼼하게 보나 봐.

하암

어 나왔다.

내부는 문제될 게
없어 보이는군요.

잘됐네요.

외부는 어때?

외부도 딱히
걸리는 부분 없습니다.

하지만 마지막으로 다락에 올라왔을 때…

흠….

크흠….

???

일단 바닥에 난방은
없는 것 같군요.

다락인데
당연하죠.

옆집에서도 말씀드렸지만 입주 후에 혹시라도 난방 되도록 개조하시면 불법이에요~

네. 알아요.

예. 그럼 그건 됐고…

그런데… 다락 치고 천장이 좀 많이 높아 보이네요.

아….

옆집 다락이 많이 낮은 편이라 비교가 돼서 그런 거 아닐까요?

그럴지도 모르지만, 어쨌든 전 조금이라도 의문이 들면 문제 제기를 할 수밖에 없어요.

딸깍

271

바닥을 높여야죠.

바닥을?

단을 하나 더 올리던지 해서 전체적인
평균 높이를 낮추는 겁니다.

↑ 바닥 높이는 공사시행

아….

다락 외에는 문제될 부분이
발견되지 않았으므로

우리는 서둘러 설계사에게
연락을 했습니다.

천장이 높아져서
혹시나 했는데…

하지만 제 감으론
계산했을 때 법적 기준인
1.8m를 넘진 않을 겁니다.

뒤적

어쨌든, 정확한 계산을 하려면
시간이 좀 걸려요….

근데 제가 요새 일이 좀
밀려 있어서

최대한 빨리 해보긴
하겠습니다만-

…그 계산 많이 어렵습니까?

혹시 제가 할 수 있으면…

직접요?

가족들이 입주를 오매불망 기다리고 있기도 하고-

오래 전이긴 하지만 수학을 전공했걸랑요.

사실 가중평균 구하는 공식 자체가 어려운 건 아니지만,

선생님 댁의 경우는 지붕모양이 복잡해서 난이도가 좀 높을 거예요.

괜찮으시겠어요?

네! 할 수 있어요!

그럼 제가 지금부터 말씀드리는 걸 메모해주세요!

잠깐만요! 노트 가져올게요!

아빠는 대학을 졸업한 후 거의 쓰지 않았던 수학 내공을 한꺼번에 발휘했는지

반나절도 안 돼 다락의 가중평균 높이를 구해냈습니다.

해냈다!

그리곤 곧장 면사무소에 달려가 경과를 보고했고, 며칠 후에 사용승인이 떨어졌어요.

우리가 드디어,

드디어 입주를 하는 겁니다!!!

감동~

고생 많았어!

# 101화 집들이 메들리

입주를 하고 며칠 후, 우리는 시청에서 소정의 지원금을 받아 마을 주민들을 집으로 초대했습니다.

그동안 마을 한가운데 살면서 많은 이웃들의 얼굴을 익혔지만 오늘은 안면이 없는 분들도 꽤 오실 건가 봐요.

오리고기 5팩, 잡채 5팩, 그 아래는 뭐야?

떡이랑 샐러드.

워낙 많은 분들이 방문할 예정이다 보니 음식을 직접 하는 건 무리라고 판단해서

주원이 할머니네 부부는 이모네서
전 부치는 걸 돕고 계시고요.

지글

지글

헉

주원이와 주언이도 마당 한 켠에서
이런 바쁜 날 꼭 필요한 도움을
주고 있답니다!

콩콩

아지들아 이게
솔방울이라는 거야.

그건 너무 흔해서
이미 다 알걸?

내가 엄청 희귀한
냄새를 찾아낼 거야.

278

엇 근데 얘네 추운가 봐!
몸을 떨어!

헉?!

어떡해 형?! 어떡해!
감기 걸리는 거 아니야?

일단 우리 점퍼 안에 넣어서
누나 다락으로 올라가자.

자, 노니가 작으니까
네가 데려가.

응.

손으로
잘 받쳐줘.

응.

귀여워~

점심 때가 되자 거동이 불편한 어르신들을
태운 봉고차들을 필두로

마을 사람들이 도착하기 시작했어요.

이거는 여.

손에 든 거는
저 집 거.

네. 감사해요~!
잘 쓸게요.

아유! 어르신들!
선물 필요 없다고
그렇게 당부드렸는데!

무겁잖아요~!

편하게 몸만 오시라고 미리 말씀드렸는데….

결국 이렇게 산더미처럼 휴지가 쌓였네요.

3년은 족히 쓰겠어….

그러게….

어-엄마.
저 사람은-

저 분은 안 오실 줄
알았는데….

그 이후로 좀
서먹하지 않았어?

일단 자연스럽게 대해.
자연스럽게.

우물 만든다고 했을 때
제일 반대한 할아버지잖아….

흠흠…

주민들이 집 구경도 하고 다들 모여 식사를 할 때 즈음에는

시청 직원들 몇 명도 도착했습니다.

안녕하세요~!
지원금 집행 현장
확인차 나왔습니다.

오늘 받은 집들이 지원금은 지자체의
정책에 따른 거라

현장을 확인하고 기록을
남기기 위해서 온 거예요.

기왕 오신 거 식사도
하고 가세요.

시내에서 해결하고
왔습니다.

사진만 몇 장
찍고 갈게요.

몇 시간 후

벌써 네 시인데…
밥을 먹지 못했다….

졸리고 배고프다….

몽롱

그러니까-
대낮부터 웬 술을
그렇게 드시는지!

솔직히 언제 끝나나
이 생각 했다니까?!

하

하

하

아마 오늘만큼은
아니어도

몇 달은
손님 대접하느라
바쁠걸.

그리고 정말로 그날 이후
몇 달 동안,

우리와 이모네는 주말마다
다른 방문객을 맞이하느라
눈코 뜰 새가 없었답니다.

농원식구들과 친척들.

제 친구들과
엄마 회사 친구들

어디~ 커피 만드는 실력
안 녹슬었나 볼까?

세준이 진희,
카페 사장님도.

아빠의 친구들, 동창들,
동기생들, 난사랑모임-

그런데 그 수많은 손님들이 오고 가던 어느 날-

정말 특별한 방문객이 찾아왔어요.

꼬꼬 꼭꼭

농촌 정식 입주를
축하합니다~!

부탁은 드렸지만
오늘 당장 데려오실 줄은….

알은
언제부터 낳아요?

엄마… 보자마자
첫마디가 그거야…?

계 란

두 달은 더
커야지요.

그렇겠나?!

하하핫! 제가 그런 건 좀 하죠!!!
이틀 안에 뚝딱
만들 수 있습니다!!

얘들아 그 동안
내 방에서 살자.
멋진 이름을 지어줄게.

그런데 닭장이 없는
상태에서 닭이 먼저
와버렸으니….

거야~ 우리 동생이
손재주가 좋잖아~?
안 그래?

상추를 발견했노라

꼭
꼭 꼭
꼭
꼭 꼭

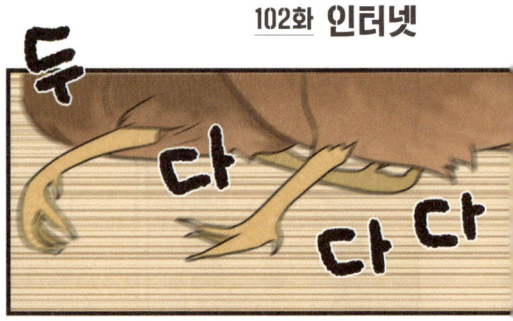

두
다
다 다

호오

호오~ 먹이를 발견하면
수탉이 암탉들을 부르는구나~

거참 신기하다 야.
암컷들이 배불리 먹을 때까지
자기는 지켜만 보네.

다른 수탉들도
다 저러는 걸까?

글쎄. 어쨌든 셋 다
배불리 먹을 수 있게
넉넉히 준비해주자.

닭들이 새 식구가 된 후
며칠 되지 않아

아빠는 마당에 으리으리한
닭장을 지었습니다.

3층 집과 넓은 마당으로
구성된 이 집엔

그동안 '샤를, 쟌, 마농'이라는 이름을
갖게 된 세 닭이 입주하게 되었죠.

스위트룸

1층

로비층

황금 깃털이 나고 있는
+샤를

점프 장인
+쟌+

호기심 많은
+마농+

어- 인터넷 회사에서 온 차다.

오늘 설치 계획 잡아서 찾아온다고 했거든.

부우웅

*한국전력공사

…이제 가장 가까운 지점에서 광랜을 끌어올 건데요.

보니까 한전* 전봇대가 이런 경로로 심어져 있더군요.

↓마을

땅 경계

그래서 우리도 그 옆에 새로운 통신 전용 전신주를 설치하며 올라올 계획입니다.

↓마을

땅 경계

지금 있는 전봇대 옆에 전봇대를 또 심는다고요?

네. 크기는 훨씬 작지만요.

침묵...

왜 그러세요? 표정들이….

그럼 전신주를 심을 땅 주인한테 동의를 얻어야 하는 거죠?

기존에 있는 전봇대를 활용하는 건 절대 불가능합니까?

한전 소유의 전봇대를 타 회사가 사용하는 것은 불가합니다.

네. 그건 저희 직원들이 직접 받으러 다닐 겁니다.

그럼 잠시만요.
저희끼리 의논 좀.

그러시죠.

어쩔 거야…
그 부부네 땅에도 심어야 할 텐데
과연 허락해주겠어?

형님한테
또 부탁해봐.

기억 안 나?
지난번엔 갚을 빚이 있어서
겨우 설득한 거였잖아.

다음 번엔 도와줄 수
없을 거라고 그랬어.

하지만 인터넷이 없으면
무지하게 불편할 텐데…

어떻게든 이 일을
성사시키긴 해야 해….

여러분-! 침착하세요.
이럴 때를 위해서 연말
선물을 하지 않았습니까?

아 그래! 선물!

그렇게 우리는 초조한 마음으로
결과를 기다렸습니다. 내심 기대를 하면서도

한편으로는 이 일이 또 다른
분란의 씨앗이 되지 않길 바라면서….

별 문제없이 모두
동의를 받았습니다.

…?

걱정하시는 눈치라 이웃들이랑
사이가 안 좋으신 줄 알았는데

다들 흔쾌히
동의하시던 걸요?

동공

지진

흔쾌히라고…?
그럴 리가 없어?!

이건 음모다-!
음모야!!

선물이 정말 효과가
있었던 거 아니야?!

속닥

ㅎㅎㅎ
ㅎㅎㅎ

그 모든 것은
내가 이 날을 위해
미리 깔아둔 포석이었다!!!

그런 걸로 풀릴 사이가 아니라고
누가 그랬더라~

헤헤 ...

어쨌든 좋은 소식도
들었겠다~

난 마을에
내려갔다 올게.

오늘도 애들이랑
회의야?

응. 요새 새로운 정보를 입수해서
의논할 게 좀 있거든.

그래 다녀와.

그런데 생각할수록
믿기지 않는 일이네.

너무 쉬워서
허탈할 정도야.

우리랑 이제 잘
지내보고 싶은 건가?

설마~

어쨌든 기사님
설치 잘 부탁드립니다.

그치만~ 아무리 생각해봐도
흔쾌히는 아니었을 거 같은데-

아니 그런 표정이
아예 상상도 되질 않는다~

우리랑 부딪히는 게
이젠 더 귀찮다거나-

하아~ 그래도
마음이 좀 열린 거면
좋겠는데~!

뭐 그런 이유가
아니었을까?

그래- 그게 가장
그럴듯하네.

으아~! 하필이면
나 혼자일 때!

어쩌지…
인사를 할까?

그래! 조금이라도 심경의
변화가 있었던 거라면

반가운 인사 한 번이
관계를 더 진전시킬 수
있을 테니까!

아… 저-저기-

찌릿

무서워~!!

안녕하세요?

그래… 기대할 걸 기대했어야지….

으윽

홱

아 민망해-

## 103화 매듭1 농원 편

그렇게 일촉즉발
무슨 일이 일어날 것만 같던
인터넷 설치 건은

너무나도 조용하고 차분하게
마무리되었습니다.

그리고 두 달 후-

농원에도 두 번째 봄이
찾아왔습니다.

목수일을
배운다고?!

푸

훗

그럼 우리 농사는?

…그래서 지은네한테
양해를 구하려는 거야.

조만간 또 봅시다!

최팀장님 일을 거들다 보니 여러 가지 많이 배우기도 하고

소질도 있다고 해서.

꼭 해보고 싶었는데

그러면 농사일을 많이 빼먹을 거 같아 고민이 많았어.

….

옥순아- 넌 괜찮아? 그 회사 목수들은 주중에 거의 집을 비우잖아.

여보...

힝?

크흐흐

흐- 주말에만 본다니까 난 신나는데.

어쨌든, 농원 입장에서 일손이 하나 빠지는 건 큰 손실이니까 나도 여러 가지 대안을 모색하던 중이었는데

마침 오빠네서 연락이 오더라고!

오!

조만간 퇴직이라서 여름 정착을 목표로 여기 집을 짓겠다는 거야.

와!

잘됐어! 친구가 와준다면 나도 걱정 없지!

우리끼리 여름까지만 버티면 되겠어!

나도 틈틈이 도울 테니 너무 걱정 말고.

세상 참 모를 일이죠?

농사를 지으러 왔다가 목수가 되다니

이모부 말씀으로는 우리 현장에 있던 목수들 중에도

이렇게 합류한 경우가 더러 있었다나 봐요.

그나저나 좀 의외네 난 당신도 목수 되겠다고 따라 나설 줄 알았거든.

그런 거 좋아하잖아.

집을 떠나 있으면 난들을 돌볼 수 없잖아.

내 마음의 난 💚

아~

어쨌든 이렇게 올해 농사에 참여할 멤버가 확정됐고

곧 앞으로의 농사 계획을 논의할 농원 대 회의가 소집되었습니다.

2018년 농원 대 회의를 시작합니다.

땅 땅

2018 00 농원 대의원 회의

오늘의 안건은– 앞으로의 주수입 작물 결정.

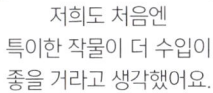

저희도 처음엔 특이한 작물이 더 수입이 좋을 거라고 생각했어요.

하지만 무턱대고 희귀한 작물에 투자했다가 인지도나 판로가 여의치 않아 결국 포기하는 경우도 많습니다.

그래서 우선 중요한 건 판로라는 판단입니다. 물론 지인들 외의 판로요.

우리 지역은 집중적으로 콩과 배추를 재배하고 있어서, 판로를 소개받기가 수월해요.

노하우를 전수받기도 좋고요.

그해 농사가 망하면 어쩌죠?

배추 같은 경우는 값이 너무 싼 경우 팔지 않고 그냥 싹 갈아엎어버리기도 하잖아요.

흠- 그 점은 보완이 필요하겠네요.

농협에서 콩을 포함한 약 50여 종의 작물에 보험상품을 판매하고 있긴 하지만

그것도 홍수, 화재, 병충해 등의 자연재해로 인한 손해에만 한정돼요.

회의 끝에 우리 농원은 나무들이 다 자랄 때까지
배추와 콩 농사 규모를 늘려 주 수입원으로 삼으면서

대안 및 특성화 작물로 산채나물과
구기자를 기르기로 했습니다.

그렇게 올해 첫 농사를 시작했는데-

근데 웃긴 건-
가르치는 내용이 다 달라.

맞아~

누군 이거 먼저 해라-
누군 저거 먼저 해라-

그러다가 어르신들끼리
막 싸워~

키득
키득

결국 그런 스파르타식(?) 교육을 받은 탓인지

아니면 농사 규모가 늘어난 탓인지

엄마가 과로로 병원에 입원하는
해프닝이 벌어지기도 했답니다.

선생님… 더 있으면 안 되나요…
농사짓기 힘들어요….

으아아-
아프다-

…내일 퇴원하실
거예요.

엄마-
내일 학교 가는 날인데-?

!

너무 홍보글 같이 보이면 아무도 끝까지 읽지 않을 거예요.

조금 더 일기처럼 내 일상을 소개한다고 생각해보세요.

그런 용도로 아웃스타그램을 이용해봐도 좋고요.

아웃스타그램… 그렇구나….

참, 너희 점포 계획은 어떻게 되어가니?

아 그거요?

지난 겨울 동안 우리 세 명의 청년농부들은

새로운 도약을 위한 준비를 했습니다.

바로 문경 청년몰 입점 지원이에요.

어디 보자-
사무실은 좀 더
안쪽 골목인 거 같은데.

여기다!

우으- 떨려-

문경청년몰 조성사업단

오늘은 그냥 설명 듣는 거니까
너무 긴장하지마.

안녕하세요~?
며칠 전에 연락드린
이지은이라고 합니다.

반갑습니다.
저는 청년몰 조성단
사업단장입니다.

입점 희망하시는
분들이셨죠?

아예- 일단은.
그런데 저희가 아직
이 사업에 대해 아는 게
별로 없어서-

그럼 일단 앉으시죠. 커피 드시겠어요?

네. 감사합니다.

드르

쓱

사업에 대해 설명을 드린 뒤, 청년몰을 쭉 구경시켜드리도록 하겠습니다.

청년몰 조성 사업은 전통시장 활성화와 청년 일자리 창출을 목적으로 중소기업청, 지자체, 소상공인진흥회에서 관여하는 사업입니다.

문경에서는 스무 개의 점포를 목표로 하고 있고요.

면접을 통과해 사업대상으로 선정되시면, 여러 가지 지원을 받을 수 있습니다.

예를 들면요?

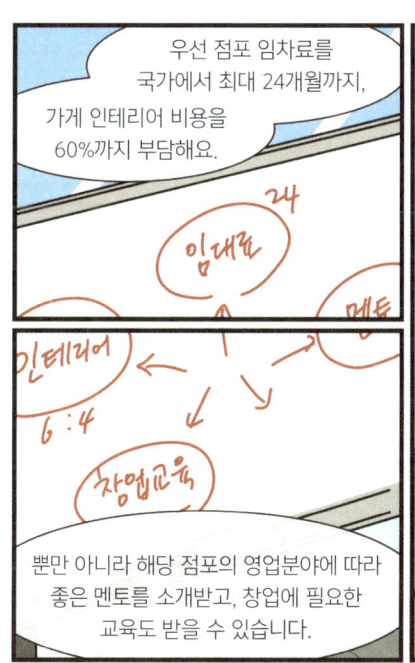

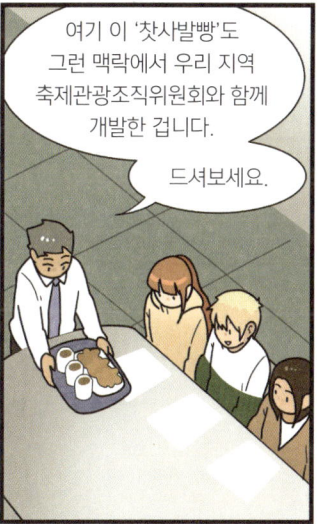

문경 청년몰만의 개성을 갖추고 관광객들의 시선을 끌기 위한 노력이죠.

사과와 오미자 앙금이 들어갔는데 상징성 있는 상품인 만큼 청년 상인들이 공동으로 판매하고 있습니다.

드시면서 따라 오시겠어요?

그다음부터는 제가 돌아다니면서 설명드릴게요.

넵.

음~ 맛있네요.

귀여운 빵이네.

우리 청년몰의 정식 명칭은 '오!미자네'청년몰이에요.

우와- 이 캐릭터 엄청 앙증맞다~!

1층에는 푸드코트 형식으로 음식점들의 입점이 예정되어 있고

2층은 요식업이 아닌
공방 등의 점포를
모집하고 있습니다.

그럼 우린 아마
2층이겠지?

그럴 것 같아.

팀장님! 이건 뭔가요?
디제이 부스?

방송실 겸 팟캐스트 제작실이에요.
상인들뿐 아니라, 누구든지
이용 가능한 시설이고요.

보여드릴까요?

열쪼까가~

와아-

나는 지금 당장
야생 조류의 아름다움을 알리는
팟캐스트를 만들려고 한다!!!

그럼 이제 2층으로
올라갈까요?

네. 가요.

우왓!
이거 게임기잖아?!

하하~ 여긴 특히 근처 고등학생들이
자주 들르곤 해요.

그러고 보니 점포 이외의
요소에도 생각보다 아기자기한
것들이 많은 것 같아요.

곳곳에 붙은 그림이나
대표 간판,

아까 보고 온
방송실도 그렇고.

네. 그런 분위기 자체나
편의시설을 사업단에서도
신경 많이 쓰고 있어요.

재래시장에서도 쇼핑을
편하고 재밌게 할 수 있다는
인상을 주고 싶거든요.

회의실도 보여드릴까요?

입점이 결정되면 다른
청년상인들과 정기적으로
회의를 하게 돼요.

시장엔요?
중앙시장 상인회에도 가입되나요?

물론입니다.
기존 재래시장 상인들과의
교류도 활발하게 이어지도록
연결하고 있습니다.

어때? 오늘 청년몰
둘러본 소감은?

난 느낌 좋아.

지원책도 괜찮은 것 같고.

하지만 자부담금이 있다니….

공짜란 게 있을 리 없지~

그래도 10퍼센트면 적은 수준인가?

하하…

하긴- 지원이 있는 편이 훨씬 창업에 도움이 되긴 하겠지만

자부담금이 얼마건 간에,

우리도 입점 희망자로서 여러 가지 따져봐야 해.

청년몰이란 게 상인들만 열심히 한다고 흥하는 건 아닐 테니까.

이 공간이 오래 지속될지 전망을 봐야지.

게다가 청년몰이 발전하려면 관광객 증가가 꽤나 중요할 텐데

그러려면 문경 지역의 다른 관광자원들도 함께 발전해야 해.

. . .

근데 그런 건 면접이나 통과하고 말할까….

그래….

조금 더 하면 민망할 듯…

여차저차해서 지금은 우리만의 점포를 얻기 위한 면접 준비에 열을 올리고 있습니다.

아 물론, 전에 하던 일도 열심히 하고 있어요.

자부담금을 벌어야죠!

사장님~! 이번 달 첫 번째 배송입니다~!

비닐 하우스에서 키운 농작물을 잼으로 만들어 정기적으로 카페에 공급하고 있답니다.

잼 매출은 어때요?

야금야금 늘고 있어~

너희의 정성과 나의 마케팅 능력

그리고 아름다운 플레이팅 공략으로

우리 가게 대표 메뉴로 자리 잡고 있는 중이란다!!!

손님들이 쳐다봐요...

아학학학

말씀은 저렇게 하셔도

아마 밤마다 머리 싸매며 판매전략을 연구하셨을 거예요.

아, 이 종류는 생산량을 줄여야겠어. 생각보다 인기가 없어.

힝...

도시에서 나고 자란 제가 의외로

이 일에 많은 재미를 느낀다는 게 때때론 정말 놀랍고.

직접 기른 작물로 먹거리를 해결하는 경험이

상당히 많은 자신감을 가져다준다는 것도
전에는 미처 생각하지 못했어요.

하지만 이곳에 이사온 후 느끼는
가장 큰 만족감이라면 역시-

흐헤헤-
귀여운 우리 애기들~!

목욕물은
적당하니?

꽥 꽥

네 닭들이 내 나팔꽃 새싹을
다 뜯어먹었잖아~!!

엄마도 계란 먹으면서
이럴 때만 내 닭이래.

궁시렁
궁시렁

방금 뭐라고 했냐?

잘못했습니다….

집으로 들어가자 얘들아.
지금은 몸을 사릴 때야.

꼬꼬꼬꼬

꽥

힝…
내 나팔꽃….

동물 보호자로 열심인 저와는 달리

엄마는 집 주변에 온갖 꽃들을 심으며
조경에 힘쓰고 있습니다.

집을 올라오는 길가를 따라
코스모스와 벚꽃나무를 심고

데크 앞 경사엔
여러 색깔의 영산홍을

그리고 마당 곳곳에도
각종 꽃들을 부지런히
옮겨 심고 있어요.

어쩌면 엄마는 지금 소녀시절부터 간직해온 꿈을
이루고 있는 것일지도 몰라요.

축하해 엄마~!

삐빵

흐어어―

그럼 그렇지….

스르르

하지만 근거 없는 허세를
부린 건 아니에요.

아직은 저조차도
믿기지 않아서

아무에게도
말하지 않았지만

요즘 들어 애벌레가 귀여워 보이기 시작했거든요…!

일단 조그만 애들만….

씨익

귀여운 구석이
있네…

누나가 벌레를 무서워하지
않는다니… 상전벽해야.

이 만화가 끝날 때가 됐군.

그래. 우리의 귀농 이야기는
일단 여기서 끝이야.

엥…

그런데 막상 '끝'을 맺으려니
어떤 말을 해야 할지 사실 잘 모르겠어요.

많은 여정을 거쳐서 이곳에 정착했고

그럭저럭 잘해온 것도 같지만

그 모든 것들이 '끝'이 아니라
이곳에서의 아주 평범한-

그리고 또 평범한 일상들을 보낼
'시작'을 향해 있었기 때문이에요.

땅
땅

2018 OO 농원 대의원 회의

열심히 농사를 짓다가도

더우면 잠시 그늘에 앉아
이웃들과 파전에 막걸리를 마시고

마을 고양이들에게
밥을 챙겨주며

우체통은 매번 새들에게
집으로 제공하고

애기새 있음

자전거를 타고 읍내를 가다가

해질녘에 결국 양손 가득
반찬을 안고 돌아가는

그런 평범한
농촌에서의 삶이요.

가끔은 할머니들께 잡혀
담소를 나눈 뒤

엄마. 이렇게 사는 우리는 성공한 귀농인일까?

하지만 앞으로 우리 지은이가 잼 사업으로 나한테 떼돈을 벌어주지 않을까?

무립니다요.

흠… TV에 나오는 성공사례들에 비하면 소박하긴 하지.

뭐- 그래도 초반에 가장 걱정하던 마을 사람들과의 관계 부분에선 상당히 만족스러워.

삐그덕 거리기도 했지만, 차근차근 조바심 내지 않고 신뢰관계를 잘 쌓아온 것 같아.

이웃 부부는? 아직도 제대로 인사를 주고받지 못하잖아.

여하튼 난 애초에, 친구들이랑 재미있게 모여 사는 걸 목표로 귀농한 거니까.

안녕하세요!!

끔찍한군

그-그것은 옥에 티!

〈 기억재연 〉

아주 대만족이야~!

외로워...

고럼 고럼.

다른 친구들도 모두 이사오면 더 재밌을 거야.

참- 옥순아 다음주부터 우리 엄마도 내려와서 같이 살기로 했어.

오- 잘됐네-

응. 엄마도 그러고 싶다 하고. 시부모님도 모셔가서 잘 챙겨드리라 하시고.

우리 엄마 지병도 많은데 혼자 살면 밥도 잘 안 챙겨 먹게 되고-

울 쩍

엄마 생각하니까 갑자기 울컥했네.

괜찮아-괜찮아~ 여기 와서 즐겁게 잘 사실 거야.

나도 할머니 오시면 여쭤볼 게 아주 많아.

엄마랑 어른들은 어렸을 때만 시골에 살아서 그런지

의외로 식물 이름 같은 걸 잘 모르더라구.

봐봐. 내가 모르는 식물 사진 많이 찍어놨다?

할머니는 훨씬 아는 게 많으시겠지?

우리 엄마 확실히 심심하진 않겠네.

그리고-

-내일은 또 어떤 하루가 펼쳐질까요?

지금까지 <도시소녀 귀농기>를
읽어주셔서 감사합니다!

작품을 마치며

더 하고 싶은 이야기들

## #산골에서의 끼니 해결

산골이니 만큼 자연에서 얻는 요리 재료는 풍부한 편입니다. 다만 특정 시기에 특정 재료가 과잉 발생해 곤란할 때가 있습니다. 예를 들면 토마토나 방울토마토는 나무가 두어 그루만 돼도 어마어마한 물량을 뽑아내요. 수확량이 소비량을 초월하죠. 때문에 토마토커리, 찜닭, 스프 등등 안 해본 토마토 요리가 없는 것 같아요. 그러다 보면 대부분의 끼니를 집에서 해결하게 되고요. 하지만 밥 하는 사람에게 이건 너무 고달픈 일상이에요. 매일 '뭘 먹지' 생각하는 건 지겨운 일이니까요. 그래서 산골에 온 후론 외식이 더 소중하고 소중해요. 읍내에 식당의 종류가 다양하지 않고 배달을 하는 곳도 치킨, 짜장면 딱 한 곳씩뿐이지만, 조금이라도 기쁜 일이 있으면 핑계 삼아 꼭 외식을 합니다. 시내에 맛집이라도 하나 발견하면 두말할 것 없죠. 차로 20-30분이 걸려도 꼭 가본답니다!

## # 나 혼자서 귀농했다면 살 수 있었을까?

혼자 마을에서 좀 외진 산골에 산다면 무서웠을 거라는 생각이 우선 듭니다. 농사를 하려고 해도 최소한 잘 아는 사람이 있는 마을이나, 그것도 아니라면 읍내, 사람 많은 시내에 자리를 잡았을 것 같네요. 혼자 살 때 불안함을 느끼는 건 도시나 농촌이나 마찬가지였겠지만 성격 상 낯을 많이 가리기 때문에 더욱 낯선 곳에서 심적으로 고립되었을지도 모릅니다. 현재도 그림 그리는 작가로 마을에서 이름이 알려지지 않았더라면 저라는 존재가 딱히 특별하게 인식되지 않았을 것 같아요. 기껏해야 '누구누구의 딸' 정도였겠죠. 지금은 모임 좋아하고, 사람 사귀기 잘하는 아버지가 저와 마을의 연결고리 역할을 하고 있습니다. 정착하고 이웃을 잘 사귀는 데 있어서도 그 성격 덕을 정말 많이 본 셈이에요. 가족 모두 저와 같은 성격이었다면 아마 도시로 다시 돌아갔을 겁니다.

## # 농촌과 도시의 적응하기 힘들었던 문화 차이 몇 가지

* 연락 없이 불쑥 들르는 손님이 꽤 있습니다. 처음엔 적잖이 당황스럽습니다.

* 회비를 걷는 부녀회/청년회 등의 마을 모임이 많아요. 면 단위의 축제나 연말행사를 하기도 해요.

* 자동차가 없으면 이동이 힘듭니다. 버스 차편은 많아야 1시간에 한 번 꼴.

* 대부분 일찍 잠듭니다. 저녁 때 마을이 너무 조용하고 가게들도 서울보다 일찍 문을 닫아요.

* 공개적으로 현수막을 걸어 축하합니다. 누가 올림픽이라도 나갔다 하면 모르는 사람도 그가 어느 동네 누구 자식인지 현수막을 보고 다 알 수가 있습니다. 소박하게는 승진, 진급도 축하하며 대부분 현수막 거는 사람은 '사촌/가족 일동', '檜리 주민 일동' 등으로 쓰여 있습니다.

* 시장, 군수 보기가 무척 쉬워요. 마을 축제, 모임 창단식 등등 웬만한 행사에는 다 출석하시는 듯합니다. 얼굴이 친숙해질 정도.

* 공공기관의 직원들과 안면을 트게 됩니다.

* 학교에 강의를 가보면 한 학년에 한 반씩뿐이에요. 초등학교부터 고등학교까지 시내가 아니면 거의 다 그런 것 같습니다.

# '했어여' 문경 사투리를 작품에 표현하기

사투리는 단어가 조금씩 표준어와 다르기도 하지만 특히 억양의 차이가 커 음성보다는 텍스트로 표현했을 때 느낌을 전달하기가 힘듭니다. 하지만 저는 만화를 제작하면서 마을에서 쓰이는 '문경 사투리'를 조금이라도 비슷하게 표현해보고 싶었습니다. 독자들에게 현장의 느낌을 잘 전달하려는 의도도 있었지만 이곳에 와서 들은 사투리가 좀 갸우뚱한 면이 있었거든요. 경상도에 속해 있으니 우리가 흔히 아는 경상도 사투리를 쓸 것 같지만 그렇게 단순하지가 않았습니다. 어르신들 말씀하시는 걸 들어보면 분명 경상도 방언이 바탕인 듯한데 '~드래요' 하는 강원도 방언이 튀어나옵니다. 문경은 경상북도 위쪽 경계에 자리하고 있기 때문에 충청도와 강원도에 인접하거나 지리적으로 매우 가깝거든요. 하지만 관찰 도중에 가장 특징적이라 생각이 든 건 도대체 반말인지 존댓말인지 아니면 인터넷 용어인지 모르겠는 '~여'라는 어미였습니다. 그래서 이 부분을 텍스트상에 살려보자 하고 논문이나 문경 사투리 대회 같은 동영상 등을 확인했죠. 그 결과 상주나 문경 쪽 지역이 '~여'라고 하는 이 어미의 사용으로 다른 경상도 지역과 차별화된 언어권으로 묶인다는 것, 학자들이 이것의 의미나 기능을 정확하게 연구하기 위해 노력하고 있다는 것 등을 알게 되었습니다. 아쉽게도 정확히 언제 이 '~여'라는 어미를 사용하는지까지는 파악하지 못했지만 최대한 자연스럽게 작품에 표현하고자 노력했죠. 그런데 다행히 그걸 보신 몇몇 독자분들이 문경 사투리를 봐서 반갑다는 댓글을 달아주셨어요. 정말 기뻤답니다.

# 이웃 부부를 통해 보여주고 싶었던 것

주인공 일행이 갈등을 겪게 되는 이웃 부부 캐릭터는 두 가지 상징적 역할을 맡기기 위해 만든 캐릭터입니다. 여러분은 작품을 읽으면서 이 부부에 대한 정보가 주인공 일행뿐만 아니라 독자들에게도 매우 제한되어 있다는 것을 느끼셨을지도 모르겠네요. 관련 정보는 본인들의 입을 통해 나오는 경우가 없고 대부분 마을 사람들의 추측이나, 소문, 흐릿한 기억을 통해 전달됩니다. 주인공에게도 여러분께도요. 이 부분은 제가 일부러 어떤 감정을 전달하기 위해 의도한 것입니다. 만약 여러분이 실제로 귀농을 하신다면, 그 과정에서 다양한 이웃을 만나게 되겠지요. 만화 속 '형님'처럼 외지인에게 따스한 사람을 만날 가능성도 분명 있지만, 지나치게 간섭하거나 알 수 없는 이유로 여러분을 싫어할 수도 있고, 자신의 것을 지키려고 날카롭게 반응할 수도 있습니다. 그리고 그 사회에 편입하려는 사람으로서 이런 반응들은 심적으로 적잖이 부담이 됩니다. 매일 얼굴을 마주쳐야 하고 때론 땅이나 수도 같은 민감한 문제들로 부딪힐 수도 있기에 당혹스럽고 두려운 일이죠. 여유롭고 조용한 삶을 기대한 많은 귀농인들이 농사 실패뿐만 아니라 이런 이웃과의 갈등 탓에 다시 도시로 돌아갈 정도입니다. 그 때문에 이 중요한 문제를 '이웃과의 관계가 무엇보다도 중요합니다.' 정도로 단순하게 표현할 수가 없었어요. 대신 그런 어려움이 있을 수 있다는 걸 '감정'으로 전해드리고 싶었습니다.

그래서 가장 가까운 이웃을 가장 어려운 관계로 설정하고, 독자들이 알 수 있는 정보를 주인공과 거의 같은 수준으로 제한한 겁니다. 이웃 부부를 대하면서 주요 등장인물들이 느낄 부정적 감정을 여러분이 최대한 공유하실 수 있도록, 게다가 작품 전반에 걸쳐 잊을 만하면 또 한 번씩 등장시키기로 했습니다. 그 불편한 감정을 계속해서 상기할 수 있게 말이죠. 이렇게 정리해놓으니 제가 정말 이상한 사람처럼 보이네요…. 아무튼 의도는 그러했습니다.

이 이웃 부부 캐릭터는 한편으로 아직까지 남아 있는 농촌의 폐쇄성, 외지인 배척을 보여주는 역할을 하기도 합니다. 20년 이상 마을에서 살았음에도 불구하고 처음 몇 년간의 대화 단절로 동화하지 못한, 마을 주민들과는 서로 마음을 닫아버린 관계로 등장했죠. 주인공 일행은 여기 얽힌 여러 소문, 그리고 주원 할아버지의 해명 등을 들으며 부부에게 일말의 연민을 느끼는 한편 친해졌다 생각한 주민들의 새로운 면을 보게 됩니다. 그리고 수도 문제로 주민들과 부딪히면서 다시 한 번 그런 폐쇄성을 확인하죠. 그럼에도 불구하고 정이 든, 좋아하는 사람들이 있어 계속 살고자 하고요.

덧붙여, 이 이웃 부부 캐릭터에는 한 가지 설정 비화가 있습니다. 눈치 채셨을지 모르겠지만 극 초반과 극 후반의 피부 색깔이 꽤 다릅니다. 초반에는 거의 회색에 가까운 사람 같지 않은 피부색이었지만, 극 후반에는 조금은 혈색이 돌아 보이는 색으로 어느새 바뀌어 있습니다. 그래도 다른 캐릭터들보다는 훨씬 어두운 낯빛이지만요. 이건 주인공의 심경에 따라 변화를 준 것입니다. 처음엔 아무런 정보가 없는, 의심이 드는, 당혹스럽고 두려운 존재였지만 조금씩이나마 그들에게 관심을 갖게 되고 관계를 개선하기 위해 노력하려는 주인공의 인식을 반영한 것입니다.